河南科技大学博士科研启动基金（4024-13480081）

基于气候变化视角的林业碳汇研究

王艳芳　著

中国水利水电出版社
www.waterpub.com.cn
·北京·

内 容 提 要

目前气候的变化与林业的碳汇是人们关注的焦点问题，尤其是近些年来林业发展取得巨大成就但问题也随之而来，本书从气候变化的角度来说明林业碳汇的新形势和新问题。本书内容包括：林业碳汇概述、林业碳汇研究的理论基础、气候变化对我国林业发展的影响与适应对策、林业碳汇的区域差异及影响因素研究、林业碳汇的国际发展进程及我国森林碳汇计量方式等。

本书可供全球气候变化科技人员和林业、气象、环境保护以及有关人员参阅，也可供本科院校相关学科的师生参考。

图书在版编目（CIP）数据

基于气候变化视角的林业碳汇研究 / 王艳芳著. -- 北京 : 中国水利水电出版社, 2018.10 （2024.1重印）

ISBN 978-7-5170-6962-1

Ⅰ. ①基… Ⅱ. ①王… Ⅲ. ①森林－二氧化碳－资源管理－研究 Ⅳ. ①S718.5

中国版本图书馆CIP数据核字(2018)第232419号

责任编辑：陈　洁　　　封面设计：王　伟

书　　名	基于气候变化视角的林业碳汇研究 JIYU QIHOU BIANHUA SHIJIAO DE LINYE TANHUI YANJIU
作　　者	王艳芳　著
出版发行	中国水利水电出版社 （北京市海淀区玉渊潭南路1号D座　100038） 网址：www. waterpub. com. cn E-mail：mchannel@263. net（万水） sales@waterpub. com. cn 电话：（010）68367658（营销中心）、82562819（万水）
经　　售	全国各地新华书店和相关出版物销售网点
排　　版	北京万水电子信息有限公司
印　　刷	三河市元兴印务有限公司
规　　格	170mm×240mm　16开本　12印张　210千字
版　　次	2018年10月第1版　2024年1月第2次印刷
印　　数	0001-2000册
定　　价	52.00元

前言

气候问题与环境问题如今已然成为全球共同关注的问题，但目前林业的发展在全球很多国家依然处于劣势。一方面，我国林业碳汇的发展在一定程度上减缓了气候变化所带来的不利影响；另一方面，在不断适应气候变化的同时，林业碳汇还为我国林业的发展提供了一种新的途径。林业碳汇的发展是以林业碳汇价值的实现为前提建立起来的，虽然自《京都议定书》正式生效以来，林业碳汇的价值实现机制在国际上都有了不同程度的发展，但是发展的过程还是曲折的，仍有一些技术层面和制度上的难题需要克服，否则林业碳汇的价值实现永远只停留在幻想阶段。

进入21世纪，国际社会应对气候变化的全球治理进程也得到加速。此时气候变化不仅仅是全球的环境问题了，而是更上升了一个高度，成为了世界共同关注的社会问题并且还涉及各国发展的重大战略问题。面对这样一个契机——全球向绿色低碳经济转型，各国各界都在积极响应，对战略实施调整，以准备好迎接低碳经济所带来的机遇与挑战。我国虽然目前仍属于发展中国家，但近年来经济得到迅猛发展，与此同时温室气体排放量也在快速增长，已然跃居成为世界首位。这一情况对我国来说无疑是一项重大挑战，正因为如此，我国政府也多方采取应对措施，积极配合，在适应气候变化和节能减排方面效果显著。

森林在减缓气候变化中具有特殊功能。采取林业措施，利用绿色碳汇抵销碳排放，已成为应对气候变化国际治理政策的重要内容，受到世界各国的高度关注和普遍认同。但是目前很多研究都将碳交易和森林碳汇市场混在一起讨论。客观来说，碳交易市场的潜力巨大，而森林碳汇市场非常有限。本书力求在一些实际数据的支持下来证明两者的区别，同时说明我国森林碳汇市场的发展和潜力，力求突破。

本书正是在这样一个大环境下编写而成的，全书共分为七章，首先从林业碳汇和气候变化的关系入手，依次介绍了气候变化对我国林业发展的影响与适应对策、国内外碳市场与林业碳汇交易、林业碳汇项目实施技术、林业碳汇价值实现机制的状况分析、林业碳汇计量、林业应对气候变化所面临的机遇与挑战等内容。

本书在编写过程中得到了广大专家和学者的热心帮助和支持，另外还借鉴和参考了国内外同行的一些文献和资料，在此一并表示感谢。由于时间仓促和作者水平的限制，书中难免有疏漏之处，还请专家学者们批评指正。

作 者

2018年5月

目录

第一章
林业碳汇与气候变化关系

自20世纪80年代末以来，全球气候变化逐渐成为国际上备受关注的焦点议题。有关检测报告显示，近些年地球气候的变化主要体现在全球变暖上。1860年，人类可以在天文仪器的帮助下对气象进行观测，然后再记录下来。据可以查到的数据显示，目前全球的平均温度与之前相比已经升高了0.4～0.8℃。全球气候发生的这些明显变化，也衍生了后续的各种问题，如北极冰山融化、全球海平面上升、局部频繁的地质灾害、厄尔尼诺现象等。它们有的以极端天气现象的形式频繁爆发，有的则悄悄地对生物圈进行着不可逆的颠覆。气候变化及其引发的生态问题，严重影响了经济社会的可持续发展。如今，我们共同面对的问题是，各国如何在这种环境下通过自己的努力来减缓环境和气候所带来的不利影响，同时这也是国际社会面临的重要议题。

第一节 当前的气候变化和影响

一、当前的气候变化

1979年，第一次世界气候大会在瑞士日内瓦顺利召开，在会议上就有科学家大胆提出警告，他们认为随着大气CO_2浓度的增加将会带来全球温度的升高，同时这也是气候变化第一次作为一个全球共同关注的社会问题而被提上会议日程。IPCC（联合国政府间气候变化专门委员会）的第四次评估报告指出，在过去50年的时间内全球大规模的平均气温的升高与人类高频率使用化石燃料导致温室气体大量增加有必然联系。

自工业化时代以来，由于人类活动造成的全球温室气体排放增加已导致大气温室气体浓度显著增加。1992—2013年，按全球变暖趋势加权平均的CO_2、CH_4、N_2O等六种温室气体的排放量已增加了近一倍，其中在2001—2011年增加了22%。各类温室气体的排放以不同的速率增加，CO_2排放量在1992—2013年增加了大约60%，其中在2001—2011年间增加了27%，2013年，CO_2的排放约占人为温室气体总排放的85%。从行业角度来看，1970—2004年，全球温室气体排放的最大增长来自能源行业，其直接排放共增长了145%；其次是源自交通运输的直接排放，共增长了120%；然后依次是工业的直接排放增长了65%、土地利用变化和林业的直接排放增长了40%、农业的直接排放增长了27%、建筑物的直接排放增长了26%。然而，建筑行业具有高用电量的特点，因此建筑行业的间接排放比直接排放大得多。

由于人类活动造成的全球温室气体，尤其是CO_2的排放，近103年来全球地表温度平均升高了0.74℃（IPCC，2007）。目前，从观测得到的全球平均气温和海温升高、大范围的冰雪融化以及全球平均海平面上升的证据均支持了全球变暖的论断。IPCC（Intergovernmental Panel on Climate Change，政府间气候变化专门委员会）第四次评估报告中关于全球变暖的主要证据有：①全球地表平均温度近50年的平均线性增暖速率（每10年0.13℃）几乎是近100年的两倍；②全球海洋平均温度的增加并不是一成不变的，而是逐渐向下延伸，目前至少已达到3000m的深度，海洋已经在吸收被增加到气候系统中的热量，这个比例高达80%；③南北半球的山地冰川和积雪总体上都在退缩；④格陵兰岛和南极冰盖的退缩已对1993—2003年间的海平面上升贡献了0.41mm/a；⑤海平面上升速度增加，如1961—2003

年，全球平均海平面上升的平均速率为1.8mm/a，而到了1993—2003年的时候，这一速率竟然是3.1mm/a，几乎高出了一倍。

IPCC第四次评估报告气候模型预测，如不采取有效措施控制温室气体排放，预计未来20年内，每10年全球平均增温0.2℃，如温室气体排放稳定在2000年水平，每10年仍会继续增温0.1℃；如以等于或高于当前速率继续排放，21世纪将增温1.1～6.4℃，海平面将上升0.18～0.59m，致使有些地区极端天气气候事件（如厄尔尼诺、干旱、洪涝、高温天气和沙尘暴等）的出现频率与强度增加。

二、气候变化的影响

气候变化是一个不争的事实，是人类面临的生死攸关的挑战。气候变化造成的灾难触目惊心：冰川退缩、永久冻土层融化、海平面上升、飓风、洪水、暴风雪、土地干旱、森林火灾、物种变异和濒临灭绝、饥荒和疾病等。气候变化超越了国界，危及所有生灵，包括人类自身。近些年，世界上许多国家都出现了几百年来从未遇见的高温天气，厄尔尼诺现象更是断断续续发生，给各国带来的经济损失不可估量。

发展中国家由于本身经济和科技水平的限制，抗灾能力相对较弱，受到的侵害也是比较严重的。1997年12月就出现了20世纪末最严重的一次厄尔尼诺现象，海水温度的上升常伴随着赤道辐合带在南美西岸的异常南移，使本来在寒流影响下气候较为干旱的秘鲁中北部和厄瓜多尔西岸出现频繁的暴雨，造成水涝和泥石流灾害。

灾害面前发达国家也未能幸免，2005年卡特里娜飓风在美国墨西哥湾沿岸新奥尔良外海岸登陆，登陆超过12h后，才减弱为强烈热带风暴。整个受灾范围几乎与英国国土面积相当，被认为是美国历史上损失最大的自然灾害之一。2007年1月中旬，美国大部分地区遭受了严重的暴风雪和气温骤降的影响，有高达68万户的家庭或商店经历了断电的危机，甚至有65人丧生在这场突如其来的恶劣天气中。随后几乎是在同一段时间内，强风暴“西里尔”席卷了欧洲北部地区，对多个国家造成了严重的冲击，造成至少47人的死亡，同时由于强风的侵袭促使地面大范围断电和交通瘫痪，影响了上万人的出行。

2008年1月，中国南方的大片区域和西北地区东部面临了一次新中国成立以来几乎没有遇到过的持续低温、雨雪和冰冻的极端天气，严重的气象灾害，影响到正常的生产生活。持续低温雨雪冰冻天气给我国南方20多个省（自治区、直辖市）造成重大灾害，特别是对交通运输、能源供应、电力传输、通信设施、农业生产、群众生活造成严重影响和损失，受灾人口达1亿多人，直接经济损失达400多亿元，农作物受灾面积和直接经济损失均已经超过上一年全年低温雨雪冰冻灾害造成的损失。科学家在现有天气和未来发展趋势的基础上，大胆预测了可能出现的影响和危害。

（一）海平面上升

海平面上升指由全球气候变暖、极地冰川融化、上层海水变热膨胀等原因引起的全球性海平面上升现象。海平面上升对沿海地区社会经济、自然环境及生态系统等有着重大影响。2005—2013年，海平面每年约上升2.5mm。科学家们介绍称，自1993年以来，海平面涨幅的一半都是由于海洋的热膨胀造成，而另一半则是由于冰川融化造成。海洋由于吸收大气中的热量使海水表面下300m内海水温度平均上升了约0.31℃，这也是造成海平面上升的最主要原因。

海平面的加速上升，已经或行将成为海岸带的重大灾害。过去100年中世界海平面平均升高了12cm左右。按照此速度，到2100年海平面将上升1m，如果不采取防护措施，首先要淹没大片土地和许多沿海城市。世界各地将近70%的海岸带，特别是广大低平的三角洲平原将成泽国，海水可入侵20~60km，甚至更远。位于其上的许多世界名城，如纽约、伦敦、阿姆斯特丹、威尼斯、悉尼、东京、里约热内卢、天津、上海、广州等都将被淹没。南太平洋和印度洋中一些低平的岛国将处于半淹没状态。2001年，太平洋岛国图瓦卢做了一个痛苦的决定——举国迁往新西兰，这也使其成为世界上第一个由于海平面上升而打算放弃自己原有居住地的国家。2008年11月，同样是由于受到海平面上升的影响，马尔代夫面临被淹没的危险，政府计划每年动用数十亿美元的旅游收益为38万国民购买新家园，继图瓦卢之后，马尔代夫将成为又一个因海平面上升而搬迁的国家。

（二）对农牧业生产的影响

农牧业与自然环境密切相关，对于气候变化的反应也最为敏感。由于气候变化对降水、温度等方面的作用，农牧业的生产因此而受到影响，其受到的影响主要表现在以下几个方面：

（1）农业生产的不稳定性增加，产量波动大。如果全球气温升高几度或者更高，全球粮食供给将会滞后于需求，某些农业生产比较脆弱的地区将会引发更加严重的粮食安全危机。

（2）农业生产布局和结构将出现变动，气候变暖将使农作物种植制度发生较大的变化。

（3）农业生产条件改变，农业成本和投资大幅度增加，气候变暖后土壤有机质的微生物分解将加快，造成地力下降，施肥量增加；农药的施用量将增大，投入增加。

（三）对生态系统和生物多样性的影响

气候变化是威胁生态系统和生物多样性的主要因素之一。如海平面升高、冰川退缩、冻土融化、河（湖）冰迟冻与早融、中高纬生长季节延长、动植物分布范围向极区和高海拔区延伸、某些动植物数量减少、一些植物开花期提前等。随着气候变化频率和幅度的增加，遭受破坏的生态系统在数目上会有所增加，在地理范围上会有所扩大。有些脆弱的生态系统正逐渐退化甚至消失，栖息于其中的物种正受到生存威胁，气候变化可能恶化某些本已濒临灭绝的物种的生存环境，对野生动植物的分布格局、结构、生物量、数量、密度和行为产生直接的影响。同时，气候变暖也迫使许多物种向更高的纬度和海拔迁移，当这些物种无法再迁移时，就会造成地方性的甚至是全球性的灭绝。世界自然基金会的报告指出，如果全球变暖的趋势得不到有效遏制，到2100年全世界将有1/3的动植物栖息地发生根本性的改变，这将导致大量物种灭绝。此外，由于人类社会对土地的占用，生态系统无法进行自然的迁移，致使原生态系统内物种出现重大损失。

（四）对森林生态系统的影响

森林生态系统是地球陆地生态系统的主体，它具有很高的生物生产力和生物量以及丰富的生物多样性。然而由于森林生态系统与气候之间存在着密切的关系，气候的变化将对树木生理、物种组成、森林生产力以及物种分布和植被产生一定程度的影响。

（1）树木在生长过程中会吸收二氧化碳并储存碳。当树木分解或燃烧时，储存在内的很多碳被释放回大气层中，主要是以二氧化碳形式，有些碳则留在森林残屑和土壤中。森林中的碳总量有大约一半是在森林生物质和枯死树木中，另一半则是在土壤和森林残屑中。当森林吸收的碳比排放的碳多时，就被认为是一种碳汇。根据加拿大自然资源部资料显示，在过去一个世纪里，加拿大受管理的森林一直是重要的碳汇，稳步地增加储存在内的碳。但在最近几十年里，情况发生逆转。在有些年份，加拿大的森林成为碳源，排放到大气层中的碳比在任何年份所累积的都要多。联合国粮农组织在《2015年全球森林资源评估》中指出，森林生物质中所储存的碳已减少了近110亿t，主要是因发展中国家将森林转为其他土地用途所造成的。

（2）城市植物区系变化加速。相对于自然环境，城市植物区系的变化更快，这是自然因素和人为活动叠加的结果，主要是引种导致的外来树种增加迅速。据北京市2003年统计，6～8年引种植物128种，1990年约有园林植物359种，到2009年增至615种；传统应用的竹类只有2种，现在增至50余种。气候变暖会导致管理者对极端低温失去警惕，忽略可能出现新的环境胁迫问题，从而非理性地扩大树种选择范围，不断扩大的引种导致城市外来植物增多。

（3）城市树木光合作用下降、生长量降低。主要是气温升高本身造成的影响，而病虫害是部分原因，可导致成年树木吸收CO_2量减少12%左右，可能会过高评价城市树木吸收CO_2的功能。

（4）影响树木的物候。气候变暖导致树木展叶和开花提前、生长期延长。据阿诺德树木园的研究，1980—2002年树木开花时间较1900—1920年早了8d。徐文铎预测，平均气温上升1℃，沈阳城市树木开花提前5d。据作者观察，从20世纪60年代至今，合肥市中心紫荆开花至少提前了10d，悬铃木落叶推迟了15d。

（五）对水资源的影响

水资源作为基础性的自然资源和战略性的经济资源，我国水资源可持续利用中存在的洪涝干旱灾害、水资源不足和水环境恶化三大问题，究其产生的自然原因，无一不与气候变化密切相关。气候变化对水循环的影响研究有两方面意义：一方面是从科学上认识大气圈、水圈、冰雪圈、岩石圈及生物圈间的相互作用机理，以提高气候变化的预测精度；另一方面是从实践上回答它们对洪水、干旱的频次及强度的影响，以及对水量和水质的可能影响，为水资源管理和决策提供科学依据。

（1）海洋因人类活动造成的二氧化碳和温室气体排放增加，受到不同程度的影响。这导致了海洋水温变化、海洋循环变化、脱氧、海平面上升、风暴强度增加、海洋酸化，以及海洋物种多样性和丰富度的变化。

（2）二氧化碳排放会增加海洋的酸性，许多海洋物种和生态系统也正在变得越来越脆弱。海洋酸化降低了许多重要海洋生物（如珊瑚、浮游生物和贝类）建造其壳和骨骼结构的能力，也增加了海洋生物的生理压力（如阻碍呼吸和繁殖），并降低了某些物种在早期生命阶段的存活率。

（3）温室气体排放量的增加，加剧了陆地活动（如城市排放、农业径流和塑料废物）和不可持续开采（如过度捕捞、深海采矿和沿海开发）对沿海和海洋环境的影响。这些影响削弱了海洋和沿海地区提供生态系统服务（如碳储存、氧气生成和维护粮食安全）的能力，并且不利于基于自然的气候变化适应和减缓措施的实施。坎昆气候适应服务框架表明，退化的生态系统破坏了各国执行适应和减少灾害风险措施的能力。

（4）气候变暖导致内陆冰川和冰层融化，导致海平面上升，这对海岸线（海岸侵蚀、盐水入侵、栖息地破坏）和沿海人类居住区影响很大。与1981—2005年相比，在低排放情况下，全球海平面预计将上升0.40m，而高排放情况下则为0.63m。极端厄尔尼诺现象的发生频率表也会因温室气体的持续排放而增加。

三、气候变化对人体的影响

气候变化对人的健康和情绪有不可忽视的影响，气候对某些疾病是有影响的，如关节炎、心脏病；气候也会使人心情烦躁。因此，人们应该掌握这些规律，发挥主观能动性，在心情烦躁时注意克制，有病的人要注意防护。

（1）湿度的影响：下雨天会使人情绪低落，当然，这种不好的情绪有些是因为社会因素。但研究表明，在湿气重的日子里，有较多的人会得忧郁症；阴天和下雨前的低气压会使学龄儿童坐立不安。

（2）阳光的影响：阳光对情绪确有益处，尤其是在冬天。在阳光明媚的日子里，人们会更乐于帮助别人并遵守社会公共秩序，但夏季的暑热晴天例外。

（3）干燥的热风的影响：在许多国家，如美国、瑞士和以色列，这种干热的风会增多精神失常现象，人们的办事效率会降低，反应迟钝并容易发怒。这是因为这种风减少了空气中的负离子，负离子对人是好处的，它们可以改善人的脑功能，提高情绪；而正电子却有相反的作用。有些调查表明，暴雨前人们会异常活跃和兴奋，这又是跟空气中带电粒子变化有关，雷电可以增加大气中的负离子，负离子使人欢快。

（4）大气压的影响：大气压的变化会引起许多健康问题。当大气压发生变化时，人体内的腔窝扩大，如：气压下降会使窦发生毛病，产生窦炎和窦膨胀；气压升高对人关节有很大影响；气压降低还会使人焦躁不安。

（5）极冷极热气候对心脏病人的影响：极度的温度，尤其是非常寒冷的天气会使人的心血管系统负担过重。冬季里死于心脏病的人会比其他季节要多。因为气温非常低时，血液从皮肤流入体内，心脏要用力拍压血液以保持身体温暖。所以，寒冷的气候某些费力的活动会增加心脏的负担。另一心脏病人死亡高峰是在夏天，暑热使心脏跳动加剧，使人排汗增加，并使血压升高。极冷和极热的气候会使人的免疫系统负担过重，从而削弱人体的抵抗力。热天会使人极容易染上疟疾之类的传染病。感冒和呼吸道感染在冬天很常见，这是因为低温消弱了人体的抵抗力。

（6）人体对气候过敏现象：少数人对气候特别敏感，但这些人对环境问题如噪音的污染也是敏感的。比较起来，老年人比年轻人对气候更为敏感，这是因为年纪大的人心血管系统比较弱。体重也一样，体胖的人在热天觉得很不好过，但体瘦的人在天气冷的时候也受不了。在实验中，男人和女人对气候的反应几乎一样。

（7）气候对睡眠的影响：怕热的人在暑天是难以入睡的。睡眠研究实验发现：当气压高于或低于正常时，人们就感到困倦，其道理如何还有待研究。

（8）理想中的温度是气温在21℃上下，最好能有些微风和不太强的阳光。

第二节　应对气候变化的国际进程及林业的作用

全球应对气候变化的行动始于1992年，到现在已经走过了近三十年。应对气候变化的国际行动在近三十年来主要包括两个方面：一是政策行动（国际气候变化谈判的四个重要发展阶段）。它是指1992年制定的《公约》，即《联合国气候变化框架公约》，到1997年《京都议定书》（简称《议定书》）的签署，到2007年《巴厘路线图》的形成，再到2009年《哥本哈根协议》的签订；二是科学报告。它是指设立联合国政府间气候变化专门委员会对气候变化等问题进行科学的评估和报告，即通常所提出的IPCC评估报告。而林业在这两个方面，都占有极其重要的位置。

一、应对气候变化的国际进程

（一）联合国政府间气候变化专门委员会及评估报告

联合国政府间气候变化专门委员会（IPCC）是一个政府间科学技术机构，1988年由世界气象组织和联合国环境规划署共同建立，是联合国为应对气候变化问题而设立的官方专业学术组织。联合国所有成员国和世界气象组织会员国都是IPCC成员，可以参加IPCC及其各工作组的活动和会议。IPCC每年召开一次专门委员会全体会议，所有成员国和其他参与的组织都将派官员和专家出席会议。

1. IPCC组织机构

IPCC下设秘书处、三个工作组和清单专题组。IPCC秘书处设在瑞士日内瓦世界气象组织总部，其职能是规划、监督和管理所有的政府间气候专门委员会活动。第一工作组是科学基础组，负责从科学层面评估气候系统和气候变化。第二工作组是关于气候影响评估的，负责评估气候变化对社会经济以及天然生态的损害程度、气候变化的负面及正面影响和适应气候变化的方法。第三工作组是关于减缓气候变化的，负责评估限制温室气体排放或减缓气候变化的可能性。国家温室气体清单专题组负责IPCC《国家温室气体清单》计划。研究与清单有关的方法和准则，计算每个国家排放的温室气体体积。

2. IPCC评估报告

IPCC既不从事研究也不监测与气候有关的资料或其他相关数据，它的主要任务就是发布专门报告。IPCC的基本工作就是汇集世界上不同地区的数百位专家的工作成果，在全面、客观、公正和透明的基础上，对气候变化的现状，气候变化对社会、经济的潜在影响以及如何适应和减缓气候变化的可能性进行评估。IPCC并不直接评估政策问题，但所评估的科学问题均与政策有关。目前IPCC共发布了四次评估报告，均已成为气候变化国际谈判的科学基础，对气候变化国际谈判产生了重要影响。

（1）IPCC第一次评估报告发表于1990年，该报告确认了有关气候变化问题的科学基础，直接推动了1992年《联合国气候变化框架公约》的签署。

（2）IPCC第二次评估报告于1995年提交给了《联合国气候变化框架公约》第二次缔约方大会，为《京都议定书》的谈判提供了强有力的技术支持，从而推动了《京都议定书》的签署。

（3）IPCC第三次评估报告发表于2001年，为各国政府制定应对气候变化的政策以及实现《联合国气候变化框架公约》目标提供了客观的科学信息，是2002年第二次地球首脑峰会宣言的重要基础。

（4）IPCC第四次评估报告于2007年完成，该报告所得出的结论就是整个气候系统正在变暖。该结论为《联合国气候变化框架公约》第13次缔约方大会上讨论2012年后新的国际减排行动框架提供了科学依据。

（二）联合国气候变化框架公约

1992年6月，在巴西里约热内卢举行的联合国环境与发展大会上，由政府间谈判委员会起草的《联合国气候变化框架公约》（以下简称《公约》）开始开放签署，于1994年3月21日正式生效。截至2009年8月，已有192个国家批准了《公约》。我国是在1993年1月5日，全国人大常委会审议并批准了公约，成为该公约最早的10个缔约方之一。《公约》每年召开缔约方大会，其中京都、巴厘岛和哥本哈根这三站缔约方大会，决定了拯救地球解决方案的核心架构。

《公约》将所有缔约国分为以下两组。第一组是附件I成员国：主要为对气候变化负有最大历史责任的工业化国家，成员国要承担降低全球温室气体排放的责任和义务。第二组是非附件I成员国：主要为发展中国家，成员国有义务降低温室气体排放，但不承担降低全球温室气体排放的责任。《公约》是第一个全面控制CO_2等温室气体排放，以应对全球气候变暖给人类经济和社会带来不利影响的国际公约，也是国际社会在应对全球气候变化问题上进行国际合作的一个基本框架。《公约》由前言、26条正文和两个附件组成，包括公约的目标、原则、承诺、研究与系统观测、教育培训和公众意识、缔约方会议、秘书处、公约附属机构、资金机制和提供履行公约的国家履约信息通报及公约有关的法律和技术等。其要点如下：

（1）《公约》是具有权威性、普遍性和全面性的国际框架方案。《公约》是应对气候变化领域第一个具有法律约束力的国际公约，目的在于控制大气中的CO_2、CH_4和其他温室气体的排放，将其浓度稳定在使气候系统免遭破坏的水平上，从而奠定了应对气候变化国际合作的法律基础。由于全球气候变化与能源、工业、土地利用、森林等重要基础经济资源密切相关，因此也促进了全球气候问题与国际能源、贸易、投资等重大问题的相互渗透和相互影响。

（2）《公约》所有缔约方对减缓气候变暖均应承担相应义务。《公约》所有缔约方都有义务编定国家温室气体排放源和汇的清单，并承诺制定适应和减缓气候变化的国家战略，在社会、经济和环境政策中考虑到气候变化的问题，促进可持续管理、节能、增强温室气体汇的功能，包括森林和其他所有陆地、沿海和海洋生态系统。

（三）京都议定书

《京都议定书》全称是《联合国气候变化框架公约的京都议定书》（以下简称《议定书》），于1997年12月在联合国气候大会日本京都会议通过，故称为《京都议定书》，是《公约》的补充条款。

《议定书》规定，须不少于55个参与国签署该条约，并且温室气体排放量达到附件I中规定国家在1990年总排放量的55%后的第90天开始生效。由于拥有最高排放量的美国拒绝批准《议定书》，导致几乎需要附件I中其他所有的国家都必须批准，才能满足《议定书》生效的条件。在俄罗斯于2004年11月18日提交了批准文件后，《议定书》于2005年2月16日正式生效。截至2009年2月，共有183个国家批准加入了《议定书》。我国是在1998年5月29日批准并签署了该《议定书》，主要包括以下方面的内容：

（1）共同但有区别的责任。该原则将附件I国家和非附件I国家所承担的责任区别开来。《议定书》照顾到各国的具体情况，为每个附件I国家确定了有差别的减排指标，要求附件I国家在第一阶段（2008—2012年）需承担一定的减排承诺：与1990年排放水平相比，欧盟现有成员国承诺减排8%，美国减排7%，日本、加拿大减排6%，新西兰、俄罗斯和乌克兰可将排放量稳定在1990年水平上，同时允许爱尔兰、澳大利亚和挪威的排放量比1990年分别增加10%、8%和1%。

非附件I国家虽然现阶段做出明确的量化承诺较为困难，但也应当承担相应的责任，做出与各减排阶段相适应的努力。

“共同但有区别的责任”原则成为全球统一碳市场建立的重要条件。

（2）三种减排机制。三种减排机制主要包括清洁发展机制（CDM）、联合履约（JI）和排放贸易（ET），具体阐述如下。

1）清洁发展机制（CDM）是《议定书》第十二条所确立的，其主要内容是指发达国家通过提供资金和技术的方式，与发展中国家开展项目合作，通过项目所实现的减排量，用于发达国家缔约方完成在议定书中所承诺的减排量。CDM项目所产生的额外的、可核实的温室气体减排量称为“核证减排量”（CER），由受助国的项目企业所拥有，并可出售。

CDM是《议定书》谈判的核心议题之一，谈判主要围绕清洁发展机制的额外性、汇项目能否作为清洁发展机制项目、单边项目、基准线、清洁发展机制项目类型、缔约方会议、清洁发展机制执行理事会的分工和清洁发展机制的临时安排等方面展开。

2）联合履行（JI）是《议定书》第六条所确立的，主要是附件I国家之间的减排单位（ERU）交易，各国通过技术改造和植树造林等项目实现的减排量，超出自己承担的减排限额部分，可以转让给另一发达国家缔约方。

3）排放贸易（ET）是发达国家之间的一种履约机制，即附件I国家之间针对配额排放单位（AAU）的交易，各国可以将分配到的配额排放单位指标根据自身情况买入或者卖出。ET是一种使温室气体排放规则成为“成本-效益”的形式。ET单位为欧盟配额（EUAs），通过将减排的温室气体量转化为一种商品量（相当于CO_2的量），使得各组织之间可以进行交易，以最低的成本满足其减排的指标义务。

《议定书》开启了用市场机制解决环境问题的新时代。然而，由于世界上最大的排放国家——美国的退出，使得《议定书》的历史效果大打折扣，不得不说是一个重大遗憾。

（四）巴厘路线图

2007年12月3～15日，《联合国气候变化框架公约》缔约方第13次会议暨《京都议定书》缔约方第3次会议在印度尼西亚巴厘岛举行。会议的主要成果是制定了“巴厘路线图”（Bali Roadmap）。

1. 内容

“巴厘路线图”，或称“巴厘岛行动计划图”，主要包括三项决定或结论：一是旨在加强落实气候公约的决定，即《巴厘行动计划》；二是

《议定书》下发达国家第二承诺期谈判特设工作组关于未来谈判时间表的结论；三是关于《议定书》第九条下的审评结论，确定了审评的目的、范围和内容，推动《议定书》发达国家缔约方在第一承诺期（2008—2012年）切实履行其减排温室气体承诺。"巴厘路线图"在2005年蒙特利尔缔约方会议的基础上，进一步确认了气候公约和《议定书》下的"双轨"谈判进程，并决定于2009年在丹麦哥本哈根举行的气候公约第15次缔约方会议和议定书第5次缔约方会议上最终完成谈判，加强应对气候变化国际合作，促进对气候公约及《议定书》的履行。

2. 作用

"巴厘路线图"总的方向是强调加强国际长期合作，提升履行气候公约的行动，从而在全球范围内减少温室气体排放，以实现气候公约制定的目标。为此，会议决定立刻启动一个全面谈判进程，以充分、有效和可持续地履行气候公约。这一谈判进程要依照气候公约业已确定的原则，特别是"共同但有区别的责任和各自能力"的原则，综合考虑社会、经济条件以及其他相关因素。

《巴厘行动计划》要求加强国际合作，执行气候变化适应行动。另外，还为下一步气候变化谈判设定了原则内容和时间表。2008年和2009年的谈判将把原则内容转化为具体法律语。

（五）哥本哈根世界气候大会

1. 前奏——"减排目标"与"气候资金"成胶着点

"后京都"谈判的序幕已经拉开，但却步履缓慢。"巴厘岛路线图"制定后，世人期盼的一份强有力的"哥本哈根气候协议"依然模糊、遥远。

2009年4月8日，联合国2009年首次大型气候谈判会议在德国小城波恩落幕。会议为期两周，来自192个国家的2000多位政府代表、观察员参加了会议。作为2009年一系列密集谈判的起点，各国需要开始起草《京都议定书》的后续气候协议，为年底的哥本哈根会议做准备。但在两周的大会、小组协商、双边对话之后，会议并没有取得预期的进展。

会议最为尖锐的一个问题是发达国家的温室气体减排目标。发达国家负有最大的排放责任和能力，需要在国际气候保护行动中做出表率。联合国气候变化专家委员会（IPCC）的报告显示，要避免2℃以上升温带来的危险后果，发达国家到2020年需要比1990年削减25%～40%的排放量。在这次波恩会议上，发展中国家提出了更为具体的要求：发达国家减排应当至少是40%。面临海平面上升淹没之危的密克罗尼西亚等岛国甚至呼吁减排45%。

在会上，很多发达国家拿美国当挡箭牌。美国新任气候特使托德·斯特恩表示，美国“愿意并且正在努力”积极参与谈判。目前美国的减排目标尚在讨论之中，当时担任美国总统的奥巴马提出到2020年美国排放量会恢复到1990年水平，新的气候与能源议案（草案）给出的减排范围不到10%。不过，发展中国家依然对美国的态度转变给予积极回应。按照一位中国代表的话来说，毕竟“美国现在的目标是排放下降”，而前总统布什的蓝图是“美国仍将处在排放上升的路线上”。

另一个焦点是气候资金。发展中国家要求发达国家提供足够的支持，特别是要拿出充足、及时的气候资金。若要发展中国家下一步制定计划、谋求低碳发展的讨论取得进展，有多少资金来做减排、如何保证资金落实到位，并“可测量、可汇报、可核实”，这些问题必须首先得到清晰回答。欧盟等发达国家却提出了不同的顺序，要求先看到具体的行动计划，再决定提供多少资金进行支持。

虽然没实质性进展，但这次会议已经将最核心、最难啃的那些骨头都剥了出来。

2. 感悟——现实的科学与政治的理想

期待中的“哥本哈根气候协议”，需要不断推高各国政府的减排信心、决心和野心。正如政治家们的理性感悟：我们无法修改科学，但我们可以改变政治。可以从以下四个关键词的解析中，体察到面临的重重困难和解决问题的雄心。

（1）IPCC与最新科学。联合国气候专家委员会（IPCC）2007年发表的第四次气候评估报告提出了全球升温的警戒线2℃和相应的减排参考范围，特别是发达国家到2020年要减排25%～40%。这个数字使所有发达国家的神经紧绷，但获得了发展中国家的广泛支持。在波恩会议上，包括中国在内的发展中国家集团提出富国减排应该至少是40%，甚至还有提45%的。2007年之后，科学仍在不断推升人类对气候危险的认识，6月份的第二次波恩会上，IPCC会给出一个科学进展报告，到时候建议减排数字或许还会升高。值得关注的另一组数字是：把目前所有已经宣布或者正在审议的发达国家2020年碳减排目标结合起来看，减排的范围只有4%～14%，离科学差得还很远。富国政治家们打算怎么接招？科学与政治如此强劲互动的结果如何？世人拭目以待。

（2）领袖风范（Leadership）。提出发达国家应该减排45%的是一组名为“小岛国联盟”的国家，包括马尔代夫、图瓦卢等面临活生生灭顶之危的小国，它们是当前气候谈判里真正的意见领袖。它们不满于2℃的警告，认为即使是1.5℃升温也关乎存亡，因此必须以最大的野心和决心来减排。出于同样的原因，在内部会议上它们认为中国在内的发展中大国也应当加强碳排放控制。不过，除了新加坡这类富起来的国家以外，小岛国普遍排放很少，仅仅靠它们的轻量级来大声疾呼肯定不够。因此，一些非政府组织（NGO）开始积极呼吁中美两国的领袖风范，也积极呼吁曾经意志坚定的欧盟“重获”领袖地位。其实，需要的就是尊重科学、引领有力行动的决心。

（3）约会服务（Dating Service）。这是个美妙的比喻，说的是发展中国家的减排努力和应获得的资金或清洁技术支持如何匹配。这事本身大家都认可，问题是谁先谁后。比如，中国假设承诺5年内所有公共建筑都达到国际先进隔热水平以大幅度降低能耗，是否能首先保证从欧洲拿到相应的建筑隔热技术、培训和一定的资金支持（因为这肯定要花一大笔钱）？还是得先把可能的减排量和可信的行动计划都拟出来，甚至已经开始具体操作，然后和印度的风电发展目标、韩国的高效公共交通节能目标摆在一起，等待欧美日澳等发达国家的金主们挑选审核？前者是发展中国家想要的，“有多少钱，办多大事”；后者是现在欧盟的提法，多少延续了目前传统的国际发展援助的思路，但实际操作中让发展中国家充满了被人挑选、变成“剩男剩女”的抵触感。在2009年年末的哥本哈根，资金、技术支持与行动如何挂钩，将在很大程度上决定发展中国家能做出多少参与气候行动的承诺，特别是更落后一点的中小发展中国家。

（4）谈判文本（Negotiation Text）。即“哥本哈根气候协议”的草案，它可能是《京都议定书》的补充和扩大，也可能是一个让厌恶“京都”这个词的美国也能签署的全新法律协议。各国还有为数不多的“谈判时间”可以用来将全世界的期待和决心凝聚在最后的这一套法律文本上，它将指导全人类在决定性的未来10年里（是否）赢得气候之战的胜利。不过，这套文本现在还看不见踪影，2009年4月底之前各国得向联合国呈交自己的想法，在此基础上草稿会在6月份的第二次波恩会议上拿出来，然后政治家们可以有的放矢地打个头破血流。不过，资深人士分析，文本中最要紧的减排数字——首先是发达国家的绝对减排量，在此基础上是发展中国家的排放增长控制比例，这些底牌恐怕得到哥本哈根才能见分晓。

3. 哥本哈根世界气候大会概要

哥本哈根世界气候大会，全称是《联合国气候变化框架公约》缔约方第15次会议（以下简称：哥本哈根会议或COP15），于2009年12月7～8日在丹麦首都哥本哈根召开。12月7日起，192个国家的环境部长和其他官员们将在哥本哈根召开联合国气候会议，商讨《京都议定书》一期承诺到期后的后续方案，就未来应对气候变化的全球行动签署新的协议。这是继《京都议定书》后又一具有划时代意义的全球气候协议书，毫无疑问，将对地球今后的气候变化走向产生决定性的影响。这是一次被喻为“拯救人类的最后一次机会”的会议。会议在现代化的Bella中心举行，为期两周。

分歧依旧，曲折落幕——哥本哈根气候大会不是终点。超过130位国家和国际组织领导人出席了哥本哈根气候变化大会，这在联合国历史上是史无前例的，所有领导人都承诺应对气候变化，所有国家都表现出了要采取行动的意愿。经过13天的谈判，过程相当复杂，进展也相当艰难，哥本哈根变成了政治领袖们老调重弹的地方。

来自28个国家的与会领导人以及部长们挑灯夜战，匆忙敲定了一份关于气候变化的协议草案，期望世界各国100多名参与气候首脑峰会的领导人签署。在19日最后一天的会议上，大会主席丹麦首相拉斯穆森宣布讨论这份草拟的《哥本哈根协议》，并进行表决。该协议草案共10页，包括全球温度控制长期目标、发达国家强制减排目标、发达国家资金支持等内容。但是，各方对这份协议草案内容有很大分歧。最终，《哥本哈根协议》草案未获通过。哥本哈根气候峰会最终未能出台一份具有法律约束力的协议文本。留给人们的仍然是混乱与困惑。除了发展中国家的失望和愤怒，各大媒体对大会充满失望悲观的论调，各方难掩失望情绪。

12月19日下午，联合国气候变化大会在丹麦哥本哈根落下帷幕。全世界119个国家的领导人与联合国及其专门机构和组织的负责人出席了会议。会议的规模及各方面对会议的关注足以体现出国际社会对应对气候变化问题的高度重视，以及加强气候变化国际合作、共同应对挑战的强烈政治意愿，并向世界传递了合作应对气候变化的希望和信心。经过各方的艰苦磋商，大会分别以《公约》及《京都议定书》（下称《议定书》）缔约方大会决定的形式通过了有关的成果文件，决定延续“巴厘路线图”的谈判进程，授权《公约》和《议定书》两个工作组继续进行谈判，并在2010年底完成工作。

如果算上印度、巴西等大型非发达国家继续实施“自行减排”的政策，未来第二期承诺中，实施强制减排的份额将会少得可怜，只有不到20%。这样的局面也使得很多发达国家更加有理由拒绝履行减排义务。因为全球碳排放大户都没有进行强制减排，这必然削弱了其他份额较低国家参与其中的效力。

而除了强制减排计划参与国数量减少、分量减弱之外，成立于2011年的“绿色气候基金”也由于资金难以到位，而极容易成为一个空壳框架。鉴于全球范围经济不景气的大背景，世界各国在绿色方面投入的资金都显得捉襟见肘。此前一直对“绿色气候基金”抱有热忱的欧盟，也因为欧债危机的影响，而在此次会议上选择默不作声。

二、应对气候变化中林业的作用

森林是陆地生态系统的主体，是利用太阳能的最大载体；森林资源是人类赖以生存的基础资源，具有涵养水源、保持水土、固碳释氧、净化空气、保护生物多样性等多种功能。保护好森林和林地资源，可增加碳汇、减少碳排放，对减缓和适应气候变化有不可替代的作用。

林业在应对气候变化中的特殊作用主要体现在两个方面：一是森林植物通过光合作用吸收二氧化碳，放出氧气，把大气中的二氧化碳吸收固定在森林植被和土壤中，具有重要的碳汇功能；二是毁林和森林退化，会导致大部分贮存在森林和土壤中的有机碳逐步分解释放到大气中，成为大气中二氧化碳的重要来源。

（一）森林的四大功能

发挥林业的增汇减排功能，关键是增强林业的四个功能。

（1）存储功能。森林以其巨大的生物量储存了大量的碳。森林被公认为最有效的生物固碳方式和陆地生态系统中最大的碳库，单位面积储碳量是农田的2.5倍。同时，湿地也具有强大的固碳功能。据测算，我国沼泽湿地碳储量达47亿t，仅若尔盖湿地储存的泥炭就高达19亿t，平均每公顷碳储量约4130t。破坏1公顷若尔盖那样的湿地，二氧化碳排放量最高可达1.5万t。恢复和保护湿地也是林业应对气候变化的重要内容。

根据IPCC估计，全球陆地生态系统贮存了2.48万亿t碳，其中1.15万亿t碳储存在森林生态系统中，其中植被碳储量约占20%，土壤碳约占80%。联合国粮食和农业组织（FAO）对全球森林资源的评估表明，全球森林蓄积量约4.34亿m^3，平均每公顷蓄积量110m^3。全球森林生物量碳储量达2827亿t，平均每公顷森林的生物量碳储量71.5t，如果加上土壤、粗木质残体和枯落物中的碳，每公顷森林碳储量达161.1t碳。与工业减排相比，森林固碳投资少，代价低且综合效益大，具有经济可行性和现实操作性。因此，森林被公认为最优的生物固碳方式。

（2）吸收功能。研究表明：林木通过光合作用，每生长1m^3，森林平均约吸收1.83t二氧化碳，放出1.62t氧气。据测算，河北塞罕坝林场森林每年可吸收二氧化碳74.7万t，释放氧气54.5万t。不仅为京津地区阻挡了沙源、涵养了水源，而且建起了一个巨大的储碳库。开展植树造林，加强森林保护，提高森林蓄积，是增强森林吸碳功能的主要途径。

（3）替代功能。木材部分替代能源密集型材料，不但可增加碳储存，还可减少因使用化石能源生产原材料所产生的碳排放。专家研究指出，用

$1m^3$木材替代等量的水泥、砖材料，约可减排0.8t二氧化碳。同时，增加林业生物质能源替代化石能源的比例，可为减缓气候变化做出积极贡献。

（4）适应功能。面对气候变化，森林生态系统也需要一个适应的过程。森林适应气候变化能力的增强，又会提高森林减缓气候变化的能力。正因为森林在应对气候变化中有着特殊作用，所以森林的作用备受重视，引起了前所未有的关注。目前，通过森林进行间接减排已经纳入国际规则，成为国际社会的通行做法。

（二）恢复和保护森林是减缓气候变化的重要措施

恢复和保护森林作为低成本减排的重要措施，写入了京都议定书。IPCC第四次评估报告中指出：与森林相关的措施，可在很大程度上以较低成本减少温室气体排放并增加碳汇，从而减缓气候变化。

同时，毁林会造成大量的碳排放。目前受到破坏并消逝最快的是热带森林。这里的毁林是指森林向其他土地利用的转化或林木冠层覆盖度长期或永久降低到一定阈值以下。由于毁林导致森林覆盖的消失，除毁林过程中收获的部分木材及其木制品中储存的碳可以较长时间保存外，大部分储存在森林中的生物量碳将迅速释放到大气中。同时，毁林还将导致森林土壤有机碳的大量排放。研究表明，森林转化为农地后，由于土壤有机碳输入大大降低和不断的耕作，其碳的损失一般为60%，最高可达75%。

（三）加强林业应对气候变化的国际合作

美国宣布退出《巴黎协定》，在一定程度上有利于我国在“一带一路”建设中，推进林业应对气候变化相关合作。我国应该抓住机遇，拓展双边、多边领域合作渠道，实施好“走出去”“引进来”战略，拓展林业发展的外部空间。同时，要继续保持中美两国的林业合作。在中美战略与经济对话等机制下，中美开展了林业应对气候变化的相关工作，取得了积极进展。尽管美国退出协定、大幅度削减气候变化领域经费，但中美双方应继续推进在森林健康和森林可持续经营等领域的合作，促进双方林业技术的交流。

（四）木质林产品和林业生物质能源的贮碳减排作用

增加木质林产品使用、提高木材利用率、延长木材使用寿命等都可增强木质林产品贮碳能力和减少碳排放。通过提高木材利用率，可降低碳排放速率；延长木材林产品寿命，可减缓其贮存的碳向大气中排放；以耐用木质林产品替代能源型材料，可以大量减少碳排放。如生产水泥、钢材、塑料、砖瓦等能源密集型材料，消耗的能源以化石燃料为主，如果以耐用木质林产品替代这些材料，不但能增加陆地生态系统碳贮存，还可减少在生产这些材料过程中因化石燃料燃烧引起的温室气体排放。

（五）林业措施是低成本减排并增加社会就业的有效途径

我国的温室气体排放总量大，正面临着来自国际社会要求减排的巨大压力。而我国正处在工业化、城镇化加速发展时期，总体发展水平仍然较低，未来20~30年是重要的发展机遇期。在今后一段时期，经济水平还将持续快速增长，但我国以煤为主的能源结构难以从根本上得到改变。因此，在现有资源、工业技术体系和传统能源消费模式下，我国工业、能源领域温室气体排放仍将持续增长。减少工业排放的成本较高、难度较大。然而森林具有成本低、可持续、可再生、综合效益高等特点，能够为经济发展、生态保护和社会进步带来多重效益，短期和长期内都不会给经济社会发展带来负面影响。

（六）重视湿地生态系统的固碳作用

目前，我们所面临的问题是全球治理的问题。这么多的国家争议不断，而且谈了这么长时间，是因为全球治理的体系尚未建立。在气候治理问题上，一些发达国家不愿意承担更多的责任。全球治理体系怎么构建，林业在这个治理体系中位于什么样的基础性地位，现在远没有认识清楚。

湿地的碳密度非常高。中国的湿地40%都是沼泽湿地，是碳最主要的储存地。林业在这个治理体系中发挥着十分重要的作用。森林生态系统和湿地生态系统，两者结合起来对应对全球气候变化起着重大的作用。但目前，对林业特别是对湿地的关注和重视还远远不够。

我们针对全球性的研究还远远不够。在应对全球气候变化中，林业究竟会带来多大的正面影响，在国际社会能产生多少正面影响，都需要认真总结。从国家层面考虑，要把一些重要的研究课题纳入到“一带一路”等国家全球规划中去。

第三节　主要国家林业应对气候变化行动及政策机制

在应对气候变化上，林业一直是备受国际关注的热点议题，像美国、加拿大、英国、澳大利亚等国家都先后制定了适合本国林业行动的政策、计划和制度。

一、美国林业碳计划及应对气候变化的战略和措施

美国以绿色新政为基本理念来推动本国的绿色经济发展，欧盟提出以

绿色经济来振兴地区经济，日本计划成为全球第一个低碳绿色国家。中国在十九大报告中提出，加快生态文明体制改革，建设美丽中国，首先是推进绿色发展，加快建立绿色生产和消费的法律制度和政策导向，建立健全绿色低碳循环发展的经济体系。

二、加拿大“新的森林发展战略”

加拿大政府在应对全球气候变化的过程中，重点对林业部门的改革进行了关注，于2008年发布了新的森林发展战略。中加双方欢迎在《公约》下达成的《巴黎协定》生效，旨在通过加强《公约》，包括其目标的实施，加强全球对气候变化威胁的应对。双方重申《巴黎协定》不可逆转，且不能被重新谈判。双方再次确认对《巴黎协定》的有力承诺，反映公平并根据共同但有区别的责任和各自能力原则，考虑不同国情，迅速全面有效落实协定，并推进实施各自国家自主贡献的政策和措施。双方呼吁各方坚持并推进《巴黎协定》、实施国家自主贡献，并根据协定相关条款随着时间推移加强各力力度。

三、英国森林公园规划建设

英国的自然保护事业开展得比较早。截至2009年，英国已经建立了15个国家公园，49个国家优美风景保护区，294个国家自然保护区，2900km保护区步行道。

英国很早就颁布过一部涉及自然资源保护的法律，在后续的一百年内修改了三次。1949年，英国颁布了《国家公园和乡村进入法》，该法案提出了一系列国家保护区类别及概念，包括国家公园、国家优美风景保护区、国家自然保护区、特殊科研价值保护区等。

此外，该法案还明确地提出对保护区内步行道的规划和建设原则，使人们可以通过步行、骑车等方法欣赏保护区内的自然景色而又不破坏或最小限度的破坏保护区内的自然环境。

英国保护区主要分为国际和国家两层面。国际层面的保护区主要是国际保护组织认定的世界遗产保护区以及按照国际公约建立的保护区，如根据“人与生物圈计划”建立的生物圈保护区、联合国教科文组织认定的世界遗产和世界地质公园、在拉姆萨公约下建立的“湿地保护区”等。国家层面的保护区包括国家公园、国家优美风景保护区、国家风景区等。此类保护区主要由英国各组成国都存在的保护区类别，或者分别制定类似法律来设立类别相同的保护区名称。

四、澳大利亚的森林碳市场机制

REDD减少砍伐森林和森林退化导致的温室气体排放和通过消除大气中的温室气体的造林和再造林活动是澳大利亚提出的森林碳市场机制形式。这种森林的碳市场机制形式最大限度地保护了当地生物的多样性以及当地人的利益，避免了逆向负面结果的产生。该机制鼓励当地人和原住民能够积极参与到REDD行动中来，并建议将土地部门也纳入REDD机制中，并且政府将对该提案中碳市场机制加以落实。

五、我国应对气候变化的措施

我国在应对气候变化方面所采取的措施主要包括以下几个方面。

（1）我国培养的人才在国际视野方面还存在一定缺陷，因此在许多国际谈判过程中，由于人才能力不足，常常陷入被动的局面。气候治理和自然保护是没有国界的。要打破“自己的一亩三分地”的局限性，加大、加速培养林业国际化人才。另外，我们在国际上发表的论文日益剧增，但在国际上的声音总体上还是不够。要增加全球气候变化之类的课程，培养大批能在国际舞台大显身手的人才。

（2）林业在全球气候治理中的潜力还没有挖掘出来，有些问题也没有研究清楚，要加大研究的力度。要从生态治理，从林业生态工程的建设，从精准经营，从综合的山水林田湖草或者流域的综合治理入手，强化森林城市的建设。要坚持政产学研用紧密合作，凝聚高校、科研院所、国际组织、企业等优势资源，建设富有特色的气候治理和生态保护新型智库，加强气候治理核心议题的决策咨询研究，为政府科学决策提供支撑。

（3）社会媒体应加强全球气候治理传播。气候变化，每个人都能感受得到，地面煎蛋、温度计爆表、“火炉”城市不断洗牌、非洲游客在天安门广场中暑……每到暑期，高温天气话题持续刷屏网络，引起广泛热议。

（4）研究人员指出，社会媒体应该进一步增强社会责任感，加强议题设置，采取多种方式，广泛传播全球气候治理的深远意义，大力普及相关的科学知识和绿色理念，积极引导公众关心气候变化、支持气候治理、参与低碳行动。

（5）在应对气候变化问题上，中国一直在向国际社会展现最大的决心和最负责任的态度。我国是最早制定实施应对气候变化国家方案的发展中国家。2007年以来，多次专项发布国家方案、白皮书等。2015年6月，我国向《公约》秘书处提交了应对气候变化国家自主贡献文件，提出到2030年单位国内生产总值二氧化碳排放比2005年下降60%至65%的目标。文件提出，将在农业、林业、水资源等重点领域和沿海、生态脆弱地区形成有效的抵御气候变化的形势和能力，逐步完善预警、预报和减灾防灾的体系。“这是中国自主贡献目标与其他国家自主贡献目标的重要区别。虽然中国实现目标面临巨大的困难，但是中国将认真按照已经公布的方案去落实。”中国气候变化事务特别代表解振华指出。

（6）我国已确定至2030年的自主行动目标：二氧化碳排放达到峰值并争取尽早达峰。中国正处于工业化、城镇化快速发展期，未来碳排放什么时候能达到峰值有很大的不确定性，若经济发展方式转变更为快速、顺利，碳排放峰值目标还有可能提早到2030年前，峰值排放量也会相应下降。

遗憾的是，媒体和公众并没有因此对如何应对气候变化有更多的反应、深思和行动。调查分析结果表明，绝大多数媒体缺少对这一重大问题的必要报道与应有评论。百姓们除了忍耐和抱怨，没有为应对气候变化采取更多的行动。

绿色传播研究中心对全国主流媒体和有影响力的网络媒体搜索显示，全球应对气候变化传播的数量不够、质量不高、效果不显著。对于气候变化的报道，基本停留在气象预报的层面，而缺少将全球气候治理与公众切身利益结合的贴近性传播。对于相应的事件以及产生的影响，缺少必要的分析和解读。这显然不利于动员全社会关注气候变化以及采取必要的行动。

综上所述，可以看出气候变化所带来的影响并非是一朝一夕形成的，而进行有效治理需要长期努力，在世界范围内有关林业应对气候变化的行动任重道远。

气候变化对我国林业发展的影响与适应对策

在全球气候变暖和大气CO_2浓度增加的大背景下，区域气候的温度与湿度、生长季长度、降水和蒸发也发生了变化，其中也包括极端气候事件。而所有的这些变化都将影响植物生理过程、森林生长发育、物候、森林生态系统的结构与分布、生产力与功能、森林火灾与森林病虫害发生的频率与强度以及相应的经营管理对策，也对我国林业发展构成影响。

第一节　气候变化对我国林业的影响

我国应对气候变化国家方案中指出，气候变化对我国森林的影响主要表现在以下几个方面。

一、森林生态系统的不稳定性增加

气候变化将改变我国森林植被和树种的分布格局，我国东部各森林植被带可能发生北移。一些森林类型将消失，其物种将趋于濒危或消失。

由于森林生态系统的位移是所有组成和栖居该系统的物种的位移，一些动物、植物、微生物由于减弱或丧失稳定的食物链或生存环境的巨变就会濒危或消失。特别是大熊猫、滇金丝猴、藏羚羊和秃杉等稀有动、植物品种的种群数量动态变化更应该引起警惕。

二、森林灾害明显增加

全球变暖和降水模式的变化将加剧森林火灾发生的频度和强度。天气变暖会引起雷击，雷击火的发生次数增加，防火期将延长，极端火险条件和严重程度增加，森林大火发生概率增高。

大兴安岭的兴安落叶松林林区是我国对气候变化最敏感、反应最剧烈的地区。近年来，大兴安岭林区干暖化趋势明显，特别是频繁出现夏季持续高温干旱，夏季森林火灾呈现增加趋势，有时甚至超过春季防火期林火发生的次数，而夏季火对森林造成的危害更大。黑龙江省1980—1999年气温升高，火点和火面积质心分别向北和向西移动；火点和火面积质心随降水量增加向西和向南移动。

森林病虫灾害和林业有害生物已经成为我国林业可持续发展的重要制约因素。其中，油松毛虫的分布现已向北、向西水平扩展，近年来向北蔓延趋势明显。

气候的变暖，不仅使我国森林病虫害的发生面积和范围扩大，同时也加重了病虫害的发生程度。尤其是东南丘陵地区松树上常见的松瘤象、松褐天牛、横坑切梢小蠹、纵坑切梢小蠹已在辽宁、吉林产生严重危害。粗鞘杉天牛逐渐向北扩散至河北、山东和辽宁。松材线虫的危害目前已扩展至我国南方11省市。该虫1998年爆发成灾与1997年春季异常干旱有关。

三、林业碳汇功能发生改变

森林是陆地上最大的碳储库和最经济的吸碳器，在保护区域生态环境、调节全球碳平衡、减缓大气中CO_2等温室气体浓度上升以及维护全球气候等方面具有不可替代的作用。生长旺盛的森林通过光合作用可吸收并固定大气CO_2，是大气CO_2的吸收汇、贮存库和缓冲器。森林一旦被砍伐破坏，就会变成大气CO_2的排放源。毁林特别是热带地区的毁林已成为继化石燃料燃烧之后，大气中CO_2浓度增加的第二大来源。由于数据源、估计对象和方法上的差异，对我国森林生态系统碳贮量的估计有较大差异，但是总的趋势是：20世纪80年代以前呈降低趋势，以后呈增加趋势。基于具有较大的可信度的国家森林资源清查的估算，目前全国森林生态系统碳贮量约26～27Gt C，其中土壤碳贮量约20Gt C、生物量约5～6Gt C、枯落物约0.8～0.9Gt C。

过去近30年来，我国森林生态系统由源转汇、碳汇量大幅度增加，一方面源于气候变化引起的森林生产力增加，另一方面主要与我国大规模植树造林、扩大森林面积和加强森林资源保护和管理有关。基于森林生产力模型的研究结果表明，20世纪80年代初至90年代末，我国森林净初级生产力（NPP）整体上增加，且存在明显的空间差异。其中我国东北部的针阔叶混交林增加幅度最大，达到$4.22gC/(m^2 \cdot a)$；而我国寒温带地区的落叶针叶林的增加幅度仅为$1.40gC/(m^2 \cdot a)$。但有关的成就尚未得到国际社会的充分认可，一方面是受国际话语权的限制，另一方面是缺乏权威发布数据证明我国森林生态系统的碳汇功能的增加。

第二节　林业面对气候变化的适应对策和建设

一、林业面对气候变化的适应对策

森林既是吸收汇，也是排放源，在应对气候变化中具有减缓和适应双重功能。一方面，通过开展植树造林、森林恢复、合理采伐和森林管理，可不断增加森林碳吸收。研究显示：全球陆地生态系统中存储了2.48万亿t碳，其中1.15万亿t碳存储在森林生态系统中。另一方面，改变林地用途、不合理采伐、不进行更新造林和森林恢复，导致毁林和森林退化，会增加碳排放。森林在应对气候变化中的独特作用使国际社会认识到，保护森林，减少毁林，提高森林质量，推动森林可持续经营，是应对气候变化的必然选择。

尽管气候变化的预测还存在很大的不确定性，但这并不意味着一个国家或社会就不可以调整它的相关政策以消除或减缓气候变化引起的可能影响。如果以科学上缺乏充分的确定性为理由推迟采取各种措施或等待发生了危险或灾难时才去研究对策与行动，就会增加不可逆变化出现的可能性，或是增加为克服不利影响必须付出的昂贵代价。鉴于气候变化已逐渐成为科学界的共识，根据现有的研究结果，探讨林业对气候变化的适应对策，以适应未来气候的可能变化，缓解其不利影响，保证林业的可持续发展就显得十分重要和刻不容缓。林业面对气候变化的主要适应对策可从以下几个方面加以阐述。

（一）天然林保护和管理

由于气候变化将引起植物区系和森林物种的迁移变化，以及在响应气候变化过程中，可能出现大量物种灭绝的预测结果，应采取与之适应的管理对策。

实践证明，自然保护区在保护现有的天然林资源方面发挥着积极作用。但在早期自然保护区的建设和发展规划中，还未真正考虑到未来全球气候变化对生态系统和生物多样性可能影响这个因素，因此应根据现实和将来可能的变化，在选点、确定面积、数量和实现有效管理方面予以注意。

保护生物学理论表明，如果保护区面积太小，要保护其中的所有种群是困难的。目前，许多自然保护区缺乏科学管理。人们正在开发保护区邻近的土地，其后果将会对保护区动物的生存和繁衍带来不利的影响。

除管理好现有的自然保护区外，还需扩大自然保护区的数量和面积，特别是要在目前保护区面积较小的地区以及自然地理区的过渡区和未来气候变化引起植被迁移的过渡区域内增加保护区。对于目前尚无能力造林的荒坡地、草坡，以及天然灌木坡或杂木林等经济价值较低的生态系统，可暂时停止人为改良措施，采取封山保护措施，留做未来气候变化环境下保护物种与植被迁移的栖息地。

森林资源是储存碳汇的物质基础。目前，我国人均森林面积仅为世界平均水平的1/4，人均森林蓄积量只有世界平均水平的1/7。森林资源总量不足、质量不高，严重制约着林业碳汇功能的充分发挥。我们将继续组织开展大规模国土绿化行动，扎实推进天然林资源保护、退耕还林、防护林体系建设等林业重点工程，深入开展全民义务植树活动，统筹做好部门绿化和城乡绿化，积极开展碳汇造林，扩大森林面积，增加森林碳汇。大力开展森林抚育，加强森林经营基础设施建设，全面提升森林经营管理水平，促进森林结构不断优化、质量继续提升、固碳能力明显增强。

（二）林业应对气候变化理论技术研究

我国在森林生态系统碳汇能力评估、森林碳汇计量与动态监测、森林碳汇功能影响因素定量化关系研究等领域均开展了大量的工作，取得了良好的阶段性成果。

在森林生态系统碳汇能力评估研究方面，我国科研工作者以全国的遥感动态数据资料为基础，以覆盖全国的100多处碳通量监测塔观测数据和野外实地核准为辅助，对我国的森林生态系统碳储量及碳汇能力进行了良好地评估与预测。研究表明，我国目前森林每年CO_2吸收量约为7亿t，相当于当年化石燃料所导致碳排放量的12%，而如果使目前的森林生态系统碳汇能力进一步提高10%的水平，为应对全球气候变化做出更为突出的贡献，则需要在森林经营碳减排和增加碳汇两个方面继续加大力度。

在森林碳汇计量与动态监测研究方面，美国处于世界领先水平。在大量碳汇计量研究中，主要采用遥感数据、碳通量监测数据与经典评估模型相拟合的方式来实现。如基于遥感叶面积指数的森林碳循环模型（BEPS）以及基于森林生长动态的森林碳循环模型（CBM-CFS2）等，前者的模型运算时间尺度为天，其结果通过CO_2通量监测塔的观测数据予以支持和校正；后者的模型运算时间尺度为年，其结构相对前者更为复杂，在具体分析过程中还包括对火灾、病虫害等干扰过程的考察。在区域尺度碳通量研究中，则主要采用了涡度协变性分析的方法（ECM），在充分考虑空间异质性的基础上，将区域气温、降水等因素对森林碳汇能力的关系进行了良好拟合，对我国进行区域范围的碳汇动态研究具有借鉴意义。

在森林碳汇功能影响因素定量化关系研究方面，我国科学家系统研究和分析了气候变化的背景，森林同碳、氮、水及土壤的相互关系，得出了陆地生态系统的碳汇潜力主要受到植树造林、停耕、施肥、农田灌溉等因素影响的结论。同时，还就飓风、林火及病虫害等森林碳汇干扰因素对森林碳汇功能的影响进行了定量分析研究，并提出了最佳应对措施。如针对飓风影响提出了采用耐盐碱抗风植被、增加栽植密度等措施；针对森林火灾提出了栽植耐火植物生物隔离带、枯落物堆肥利用、局部火烧控制等措施；针对病虫害则着重从改变树种配置、降低造林密度、引入动物天敌等方面着手减少相应干扰因素对森林碳汇功能的影响。

（三）应对气候变化背景下的城市林业建设

在当前应对全球气候变化的大背景下，城市林业作为园林绿化体系的重要组成部分发挥着越来越重要的作用。我国也一直高度重视城市林业的建设与发展，其城市和社区森林主要由行道树、广场绿化、片林、政府单位绿化、城市公园、运动场、庭院花园、高速公路绿化等部分组成。这从另一个角度说明城市化发展同样可以保证较高的林木覆盖率和碳汇水平。

为了量化城市森林效益，借助于国际先进软件（以地理信息、系统为基础），我国有关科研人员对城市生态系统进行了分析，其得到的数据对于提高公众对城市树木和森林综合效益的认识起到了良好的量化认知作用。而更为重要的是，这些分析结果将帮助各层次的决策者进一步认识到城市林业建设在改善城市生态环境、应对气候变化中的作用与价值，从而在政策制定方面为进一步发展城市林业、应对全球气候变化提供有力支持。

（四）应对气候变化的湿地管理与生物多样性保护

加强湿地保护与修复以增加碳汇，作为应对气候变化中极为重要的组成部分与措施手段，受到了我国政府及民众的高度重视。其湿地的概念是“地表同期性或永久性被地表水或地下水淹没或浸没的地区，符合典型的湿生植物的生长条件。一般包括沼泽、湿草地、泥炭地和其他相似的区域”。该定义的界定采取的是严格限制的原则，确定了法律所保护的湿地范围仅限于“介于陆地和水域之间、水位接近或处于地表，或有浅层积水”的区域，而将开阔水体如浅水湖等排除在外。我国湿地保护立法遵循“净减少量为零”的保护理念，将湿地保护的重点放在恢复、重建、维护和改良上，充分兼顾了保护和开发这两个相互矛盾的需求体。在湿地中的所有开发活动均由工程兵部队审查并决定是否授予许可权，许可权授予应遵循的标准由相关部门制定，许可标准遵循4个准则：不存在环境影响更小的替代措施；该项目对湿地并无重大不利影响；该项目已采用所有使环境影响减轻的合理技术；该项目不违反任何其他法律。通过相关制约，我国湿地保护在近年来取得了良好的成果，为应对全球气候变化做出了积极贡献。

湿地在植物生长等生态过程中积累了大量的无机碳和有机碳，在减缓气候变化方面发挥着重要作用。要实施湖泊湿地保护修复工程，制止继续围垦占用湖泊湿地的行为，对有条件恢复的湖泊湿地要退耕还湖还湿。根据这一重要指示精神，我们将认真贯彻落实《湿地保护修复制度方案》，将所有湿地纳入保护范围，严格实施湿地用途管制、湿地建设项目审批制度，全面保护自然湿地，禁止任何破坏湿地的开发行为。对退化的沼泽、河流、湖泊、滨海湿地进行综合治理，提升湿地生态系统功能。推进湿地保护立法，加强湿地自然保护区和湿地公园建设，健全湿地保护网络体系，完善湿地保护补助政策和湿地生态效益补偿制度，提升湿地保护水平。

众多事实与研究结果表明，气候变化对野生动植物的生存栖息环境已构成了严重威胁，如何在气候变化的大背景下开展野生动植物资源保护，也成为各国政府及科学界广泛关注的领域。同时，我国野生动植物保护学方面的专家也在湿地修复、合理采伐、生物廊道规划建设等领域开展了多项有利于野生动植物保护的研究与实践，为野生动植物资源保护与修复工作的进一步开展提供了强有力的理论与技术支持。

（五）木材及生物质能源的可持续生产与利用

我国作为木材和能源利用大国，如何更好地在保持森林生态系统碳汇功能的同时，实现木材和生物质能源的可持续生产与利用，已成为应对全球气候变化大背景下亟待解决的问题。

用材林是我国森林资源的重要组成部分，用材林树种主要有云杉、冷杉、山核桃、白桦、山杨、白松、红松、铁杉、黄松等。由于国内对木材需求的不断增加，自1950年以来，我国的国内圆木采伐量一直处于增长的趋势，大量的木材采伐利用，对森林生态系统的整体固碳功能构成了严重威胁。为改变这种现状与趋势，我国政府采取了大量有力措施。另外，我国政府还制定了鼓励“退耕还林”的法案，用于鼓励在木材利用的同时造林增汇，并在不干涉私有林主经营权的前提下，为私有林主无偿提供技术咨询服务，同时林业科学研究课题大多针对林业实际工作中最需解决的问题而设立。科研机构经过研究，提出解决方案，然后通过推广机构传达到私有林主并运用到生产实践。通过此种形式，最终为实现森林整体碳汇功能的保持与发挥提供了有力的技术支持。

我国作为能源利用大国，在全球能源危机加剧的背景下，积极开展了生物质能源利用的探索与实践工作。据预测，我国目前至2035年间石油消费量的增长部分将全部由液体生物燃料提供，燃料乙醇的消费量可占到石油消费量的17%，同时原油进口依赖度将由70%降低到45%。在研究领域，科研机构正在重点研究对现有的造纸企业进行改造、转产，利用原有的造纸设备加工林木剩余物生产燃料乙醇，开展不同能源林栽培模式的生态影响与碳平衡的研究，目前已取得良好的阶段性进展。

（六）果树产业的集约化与低碳化发展

美国果树生产不仅规模大，而且十分注重果树有机栽培、果实贮藏保鲜、果品加工利用等领域的低碳化技术研发与集成，产业集约化程度高。

美国果树的集约化生产以适地栽培为基础，其树种布局充分体现了区域化与专业化的生产特点，即每一树种或者品种，通常安排在气候与土壤的适宜栽培区集中栽培，不仅使产地的生态环境与自然资源得到了充分的利用，为优质果品的发育奠定了良好基础，而且也有效减少了果树栽培管护过程中不必要的燃油机械、农药、化肥等的使用，间接减少了碳排放。为了更好地指导果树产业发展，我国主要果树产业发展区域都建立了以教学科研单位机构为核心组成的技术服务网络，专门从事果树低碳化经营技术研发与技术推广工作。

以苹果生产为例，我国四季分明、昼夜温差大，气候条件与土壤适于苹果生产。在苹果生产过程中，政府对果品质量的管理十分严格，环境保护局严格限制了可以使用的农业化学品种类及使用方法，要求将农药、化肥的用量控制在最低水平，把相应的碳排放及其残留对人体的伤害控制在最低程度。同时通过相关科研单位在苹果低碳化贮藏、运输、加工等技术领域的不断深入研发与集成，有效促进了区域苹果低碳产业链的发展。区域化布局和大规模的低碳化、专业化生产，使之成为名副其实的主导产业之一。

（七）林业应对气候变化综合管理与决策技术研究

我国林业局为统筹林业应对气候变化的综合管理与决策工作，为相关林地所有者、管理人员和决策人员提供更具实践指导意义的经营措施与决策建议，经过多年研究与积累，以长期森林资源调查和气象观测数据为基础，通过与国内外众多科研成果的有机拟合，在借鉴美国相关研究的基础上开发出一套适合我国林业特性的应对气候变化的软件系统。该管理决策系统具有适应性条件录入、互动分析与决策报告条件输出的特点。该软件可通过输入目标区域的气候情况、空气质量、病虫害情况、林火发生情况等一般影响因子，结合对已有的代表性研究预测模型与林业计划的综合分析，形成具有针对性的林业经营管理措施报告，从而更好地为相关人员提供以应对气候变化、增加森林碳汇功能为基本出发点的森林经营管理建议与操作指南。

另外，国家科技部21世纪中心近期编制的“中国适应对气候变化国家战略研究报告”在论及林业领域时，比较详细地论述了林业战线应对气候变化、加强林业建设的总体目标、阶段目标和重点任务，现分述如下。

1. 总体目标

推进宜林荒山荒地造林绿化，加快沙化土地治理，通过实施天然林保护、退耕还林、京津风沙源治理、速生丰产用材林基地建设、生物质源林基地、防护林体系和平原林业建设等大型林业生态工程，扩大森林面积，提高森林覆盖率，进一步增强中国林业碳汇能力；强化森林火灾、森林病虫害鼠害防控、野生动物疫源疫病监测防控工作，严格控制森林资源消耗，打击乱砍滥伐和非法征占用林地行为，减少因森林保护不力导致的碳排放；进一步提高中国森林整体适应气候变化能力，充分发挥林业在应对气候变化国家战略中的独特作用。

2. 阶段目标

第一阶段：2007—2011年，通过造林（含封山育林）使全国森林覆盖率达到20%，全国70%的城市林木覆盖率达到30%；平均林地生产率达到每公顷93m^3，全国森林蓄积量达到132亿m^3，使全国森林生态系统碳贮存和吸收汇得到较大增长，力争实现全国林业碳汇在2005年基础上新增CO_2约0.5亿t。新增沙化土地治理面积450万hm^2，同时重点公益林保护面积达到0.51亿hm^2；森林病虫害和重要有害生物成灾率控制在4.5‰以内，森林火灾受害率控制在1‰以内；木材综合利用率达到70%。

第二阶段：2011—2020年，通过造林（含封山育林）使全国森林覆盖率增加到23%，全国70%的城市林木绿化率达到35%，全国森林蓄积量达到140亿m^3，约1.1亿hm^2。国家重点公益林得到有效保护，全国各级自然保护区面积达到1.35亿hm^2。平均林地生产率达到每公顷105m^3，林业碳汇能力得到较大增长。

第三阶段：到2050年，比2020年净增森林面积4700万hm^2，森林覆盖率达到并稳定在26%以上，全国自然保护区面积1.7亿hm^2；全国70%的城市林木绿化率达到45%。全国林业发展重点转向全面开展森林可持续经营阶段，全国林业碳汇能力保持相对稳定。

二、重点行动

为了充分发挥林业在应对气候变化中的独特作用，根据中国林业可持续发展长期战略、林业中长期发展规划以及《中国应对气候变化国家方案》对林业发展的总体要求，从综合提高林业减缓和适应气候变化能力角度，确定出重点领域和主要行动。

林业应采取更为主动的适应措施，进一步加强我国适应气候变化能力强的目的树种的种质资源收集和培育、林业灾害预警和应急能力及常规林业生产过程中的良种选育、苗木培育、造林经营、森林保护、加工利用等措施，积极采取适应性管理，以减少或避免极端天气导致森林资源遭受毁灭性影响。应进一步加强林地、林木、野生动植物资源保护管理，结合天然林保护、退耕还林还草、野生动植物自然保护区、湿地保护工程，推进森林可持续经营和管理，开展水土保持生态建设。建立健全国家森林资源与生态状况综合监测体系。完善和强化森林火灾、病虫害评估体系和应急预案以及专业队伍建设，实施全国森林防火、病虫害防治中长期规划，提高森林火灾、病虫害的预防和控制能力。改善、恢复和扩大物种种群和栖息地，加强对濒危物种及其赖以生存的生态系统保护。加强生态脆弱区域、生态系统功能的恢复与重建。

第三节 我国近年大力发展林业应对气候变化的成就和行动

一、我国近年大力发展林业应对气候变化的现状

中国政府及时注意到经济高速发展带来的碳排放，从人口、资源、环境的可持续协调发展角度，大力提倡并切实施行以植树造林为核心的国土整治和林业生态工程建设。从1978年开始三北防护林建设工程以来，还先后开展了以下大型林业生态工程：①天然林保护工程；②退耕还林（草）；③环京津风沙源治理工程；④三北防护林建设四期工程；⑤长江中下游防护林建设工程；⑥野生动植物保护及自然保护区建设工程；⑦太行山区防护林工程；⑧沿海防护林工程；等等。

我国最近的森林资源清查（第七次清查）结果表明，中国森林资源进入了快速发展时期。清查间隔期内森林面积净增2054万hm^2，森林覆盖率由第六次清查时的18.21%提高到20.36%，上升了2.15%。森林蓄积净增11.23亿m^3。乔木林每公顷蓄积量增加1.15m^3。连续7次的森林资源清查结果显示，中国森林资源发生了巨大变化，森林面积、蓄积呈现逐步增长的趋势。特别是20世纪末以来，森林资源增长速度明显加快，森林资源保护发展进入了一个新的阶段。

回顾新中国成立以来我国林业发展的历史，面对进入新世纪以来我国林业指导思想转型的现状，展望国家林业发展战略的未来规划，我们逐渐认识到我国林业发展走过的道路。解放初期，人民共和国百废待兴，国民经济建设需要大量木材，当时的林业经营方针或指导思想是以木材生产为主。改革开放以后，特别是进入新世纪以来，我国林业发展逐步确立了以生态建设为主的林业可持续发展战略；建立以森林植被为主体的国土生态安全体系；建设山川秀美的生态文明社会，已逐渐成为社会共识。以生态建设、生态安全、生态文明为主线的可持续林业发展战略也逐渐形成。随着全球气候变化问题逐渐深入人心，以及森林在应对气候变化中的特殊作用，人们也逐渐认识到我国大规模林业生态工程的碳汇功能，全社会开始关注“碳汇林业”这一新的林学名词。如果说“生态”林业是我们对林业科学内涵理解的深化，而“碳汇林业”是我国政府面对“发展”和“减排”的两难抉择时采取的聪明举措。

中国森林生态系统碳贮量从第四次森林清查（1989—1994年）

的4220.45TgC（或4.2GtC）增加到第六次森林清查（1999—2003年）的5156.71TgC（或5.2GtC），平均年增长1.6%，年固碳量为85.30～101.95TgC。根据我国林业工程建设规划，到2010年规划完成时，林业工程每年新增的固碳潜力为115.46TgC/a，其中天然林资源保护工程、退耕还林（草）工程、三北、长江流域等重点防护林工程、环北京地区防沙治沙工程和重点地区速生丰产用材林基地建设工程到2010年新增的固碳潜力分别为16.25TgC/a、48.55TgC/a、32.59TgC/a、3.75TgC/a和14.33TgC/a。这一数字是世界上多数国家都无法达到的指标。面对国际上日益尖锐的气候外交斗争，将我国的生态工程建设与气候变化乃至全球变化联系起来分析、论证是有意义的。

我国森林固碳能力远高于世界平均值，其原因有两个方面：一是我国地处东亚季风区，雨热同季，树木生长季节水热资源充沛，第一性生产力高，植物固碳能力强。二是我国政府高度重视生态环境建设，近年来先后实施的各种大型生态系统工程使我国的林（草）植被面积大量增加。我国各种大型林业生态建设工程是在世纪之交（2000年前后）先后起动的。三北防护林建设虽然起动较早（1978年），但进入新世纪以来，建设步伐明显加快，三北防护林四期工程的投入和建设规模较前三期均有大幅度提高。因此，我国的林业结构中幼林所占比例很大，与国外的各种成熟林或过熟林相比，中幼林的固碳能力不仅增长快，而且固碳能力也大得多，有关的科学理念需要我们大力宣传。

我国林（草）植被面积的增加还可以从最新的卫星监测资料来证实。最近，我们根据美国地质测绘局（USGS）提供的高分辨率EOS/MODIS卫星信息反演的增强型植被指数（EVI）分析。卫星监测显示，近十年来，无论是植被地区的单位面积年平均EVI值（植被覆盖地区的年EVI累计值与该地区总面积之比），还是全国范围单位面积年平均EVI值（全国范围EVI年累计值与全国陆地总面积之比）都呈增加趋势。植被覆盖地区单位面积EVI增速为0.0013，全国地区增速为0.001，这表明在过去的十年里，我国植被的总体覆盖状况是向着良性的方向发展。据卫星监测，多数发展中国家的EVI在这一时期都是减少的，唯独中国有明显增加。说明中国政府重视生态建设的结果的确对全球CO_2减少做出了重要贡献。对比世界其他国家，我们发现，我国近年开展的大型林业生态系统工程，只有社会主义的中国能够做得到，世界上任何国家，包括发达国家和发展中国家都无法做到，也根本没做，我国林业对二氧化碳减排的贡献应该在后京都时代有关气候变化的谈判中得到认可，得到补偿。

二、我国林业为应对气候变化做出的贡献

近五年来，按照中央的决策部署和国家应对气候变化方案，国家林业局制定实施了《林业适应气候变化行动方案（2016—2020年）》和《林业应对气候变化行动要点》，通过大力造林、科学经营、严格保护，森林资源稳定增长，我国林业增汇减排能力稳步提升，林业应对气候变化取得了积极成效。

（一）加快国土绿化进程，增加碳汇总量

深入实施以生态建设为主的林业发展战略，不断加大造林绿化力度，全国森林资源总量不断增加，在维护森林生态安全的同时，有效地增加了森林碳汇。重点实施了新一轮退耕还林、三北防护林等生态修复工程，加快国家储备林建设，广泛开展全民义务植树活动，充分调动各种社会主体造林绿化，全国年均新增造林面积近9000万亩，国土绿化成果不断扩大。

（二）森林质量得到改善，提升储碳能力

坚持一手抓植树造林，扩大森林面积；一手抓森林经营，提高森林质量，不断提高单位面积森林的储碳能力。按照因地制宜、分类施策、造管并举、量质并重的原则，大力推进森林可持续经营。印发了《全国森林经营规划（2016—2050年）》，每年完成森林抚育1.2亿亩，编制了《全国森林质量精准提升工程规划》，启动了森林质量精准提升工程，实施了一批森林质量精准提升项目。着力抓好退化林修复，林分结构明显优化，全国森林蓄积量达151.37亿m^3，每公顷森林蓄积量达89.79m^3，储碳能力明显提升。

（三）资源保护得以加强，林业碳排放减少

通过划定并严守林地和森林、湿地、物种、沙区植被四条生态红线，努力维护自然生态系统的原真性和稳定性，有效促进了林业减排。坚持全面保护森林资源，全面停止天然林商业性采伐，严格实行林地用途管制和林木采伐限额，严厉打击毁林开垦、非法侵占林地、乱砍滥伐林木等违法行为，有效减少了对森林资源的消耗和破坏。坚持全面保护湿地资源，初步形成了以湿地自然保护区、国家湿地公园为主体的湿地保护体系，全国现有的8.04亿亩湿地全部纳入保护范围。坚持全面维护生物多样性，林业管理的自然保护区有2301处，面积达18.8亿亩，有效保护了我国野生动植物资源和典型生态系统，防止了生态系统和森林资源退化。

（四）森林火灾发生减少

坚持“预防为主、科学扑救、积极消防”的方针，着力强化责任落

实，努力提高防扑火能力，严密防范发生森林火灾。2012年以来，全国森林火灾受害率稳定控制在1‰以下，年均发生森林火灾3150起，受害森林面积1.3万hm^2，仅为前10年均值的1/3和1/10，极大地减少了碳排放。专家估算，我国每年通过森林火灾防控，可减少碳排放5000万t；近年来，东南亚、南美等国家因森林火灾造成的碳排放占其排放总量的15%。

（五）绿色低碳生活惠及全民

坚持以林业供给侧结构性改革为主线，加快发展森林培育、木本粮油、林下经济、种苗花卉等绿色富民产业，在不增加森林资源消耗的同时，保障了绿色优质林产品供给。坚持开展森林城市、森林小镇、森林村庄建设，深入推进森林公园、郊野公园、湿地公园、沙漠公园建设，努力增加生态产品供给，让群众更便捷地享受绿色生活，增强他们爱护森林、保护生态的积极性和主动性。目前，共有200多个城市加入国家森林城市创建当中，118个城市被授予“国家森林城市”称号，26个省份开展了省级森林城市创建活动，城市森林资源和林业碳汇明显增加。

（六）保障措施加强，应对能力提升

国家林业局成立了应对气候变化工作领导小组和1个国家级、4个区域级碳汇计量监测中心，并督导各省区市相继成立领导机构和办事机构。倡议并设立了“亚太森林恢复与可持续管理网络”，被国际社会誉为应对气候变化的森林方案。成立了国内第一家以增汇减排、应对气候变化为主要目标的中国绿色碳汇基金，累计募集资金6.2亿元。出台了《应对气候变化林业行动计划》《林业应对气候变化行动要点》《林业适应气候变化行动方案》，每年都发布《林业应对气候变化政策与行动》白皮书。积极探索林业碳汇交易，已启动的广东、湖北等7省市碳交易试点将森林碳汇交易列入其中，目前正履行项目备案和交易程序的林业碳汇项目近100个。

（七）国际合作加强，促进了多国谈判的形成

广泛开展中美、中德、中英、中韩等林业应对气候变化务实合作，提出了中美林业应对气候变化合作框架，并纳入第七轮中美战略与经济对话成果清单。完成了中德低碳土地利用项目合作，相关成果已在安徽、湖南、福建等省推广。积极推荐中国林业专家参与联合国政府间气候变化专门委员会（IPCC）评估报告编写，为争取国际话语权发挥了重要作用。

我国森林资源持续快速增长，森林碳汇能力稳步提升，为应对气候变化、拓展发展空间、建设生态文明作出了重要贡献，在国际社会产生了重大影响，赢得了广泛赞誉。联合国粮农组织发布的全球森林评估报告指出，在全球森林资源继续呈减少趋势的情况下，亚太地区森林面积出现了净增长，其中中国森林资源增长在很大程度上抵消了其他地区的森林高采伐率。

三、我国与国际林业政治对话和行动

我国政府一贯高度重视国际林业政治对话和行动。积极参加《联合国气候变化框架公约》《京都议定书》林业议题谈判，全面阐述了我国林业应对气候变化的主要立场和主张，在气候变化的国际进程中发挥了积极而富有建设性的作用。

（一）新西兰情况

应新西兰基础产业部和澳大利亚国立大学环境学院的邀请，我国组织新西兰林业碳汇考察交流团一行4人，于2014年7月3日至7月9日赴国外就应对气候变化背景下的林业碳汇交易机制的构建、森林生态系统碳汇的计量监测、森林生态系统水碳的平衡等政策、管理与技术内容进行了全方位的考察交流，并就两国相关机构未来在林业碳汇领域的合作达成了共识。现将有关情况报告如下。

1. 交流基本情况

2014年7月4日，我国代表团在新西兰基础产业部的安排下，与新西兰基础产业部、环境部和环境保护局的有关专家和工作人员进行了一天的室内交流会议。在交流会议开始前，我国代表团与新西兰基础产业部林业与土地管理司司长Aoife Martin女士进行了会面，Martin女士对我团的到访表示了欢迎，就中国林业碳汇交易市场推进情况进行了了解，并就双方在林业碳汇领域的全方位合作表达了良好的期望与祝愿。

随后的会议由新西兰基础产业部Craig Trotter先生主持。来自新西兰环保部的Tom Williams先生和Eva Murray女士首先就新西兰碳排放权交易的整体背景、政策机制、运行情况及未来发展方向等内容进行了介绍。随后，基础产业部的Trotter先生重点介绍了林业碳汇在新西兰碳交易体系中的地位与作用、主要的政策机制、计量监测方法等，Gordon Hurst工程师和Jing Liu工程师介绍了GIS在新西兰森林碳汇计量与综合管理中的应用。当天，我团还专程拜访了新西兰环境保护局，在Tom Barker先生的介绍下，就新西兰碳排放交易注册系统的功能、运行情况和未来前景进行了交流。我国代表团成员在会上就我国在林业碳汇交易机制构建方面的情况进行了介绍，并对未来双方在林业碳汇领域的合作交流表达了期望。双方计划下一步继续加强人员交流，并积极开展国际项目合作，会议成果显著。7月5日，我团人员还就新西兰森林碳汇经营管理情况进行了实地考察。

2. 交流内容概要

（1）新西兰碳排放交易体系建设背景。1990年，新西兰温室气体净排放量是3566万t。此后新西兰政府在《京都议定书》相关规定的基础上，承诺在2008—2012年间将其国内温室气体排放量一直控制在1990年的水平。只不过后来随着全球气候变化影响的加剧，2011年新西兰重新确立了目标，即到2020年的时候国内温室气体的排放量与1990年相比要实现10%~20%的减少，而到了2050年的时候要实现减少一半的目标。新西兰为了可以早日将上述减排目标实现，建立了一系列有针对性的碳排放交易体系来辅助碳交易建设。

（2）新西兰碳排放交易体系的主要政策架构。新西兰在国际上一直以法律健全而著称，而且针对环保方面的立法也是早就有之，在此基础上将碳交易进行了法律的界定。2002年就制定了《应对气候变化法》，后来又经过了两次修订，分别是2008年和2011年。自此，该法案和《联合国气候变化框架公约》《京都议定书》一起为新西兰进行碳交易打下了结实的法律基础，同时也明确了新西兰政府要建立碳排放交易市场的决心。

此后新西兰政府便付出了实际行动，制定出一个“7年计划”——利用2008—2015年的时间，一步步使国内的所有部门都融入碳排放交易体系中。其实早在2008年1月林业领域就开始融入碳排放交易体系的建设中，后续的计划是2010年覆盖常规能源、交通燃料、工业气体领域，2013年扩展到废弃资源处理领域，直到2015年随着最后一个农牧业的加入，该计划圆满结束。

新西兰碳交易体系实行配额管理机制，分配计划都需要提前上报给国会讨论，只有通过才可以实行。新西兰设立的国内排放计量单位称“新西兰单位”。1个新西兰单位代表1吨二氧化碳当量。为防止由于价格的不稳定而引起市场的动荡，新西兰政府特意规定一个新西兰单位的交易价格为25新元/吨，未经允许不得随意更改。

（3）新西兰林业碳汇交易的政策架构。由于1990年对新西兰来说具有特殊意义，因此以这一年为基准年对森林进行了划分，主要包括两种，即将1990年以前的森林称为“1990年前森林”，而将1990年以后的森林称为“1990年后森林”，这两者之间是有差异的，需要加以区分。

首先，1990年前的天然林由于森林碳汇基本上处于相对稳定状态，再加上《资源管理法案》《森林协议法案》等多部相关的森林保护法规的保驾护航，所以天然林不能获得碳信用分配指标，自然也就无法被纳入减排体系。另外，此时人工林也是不能随意采伐的，受到了极大的约束。因此，从这个角度来说的话，森林就处于一个相对安全的环境，面临毁林的风险还是很低的。对于1990年前的人工林来说，政府对森林的所有权人是有相关法律约束的。新西兰政府规定在第一承诺期的5年内，森林所有权人如果因为毁林或将林地转化为农业用地且面积超过2hm^{2}时，政府就有权利将其强制纳入减排体系而且还要向政府缴纳相应的碳信用指标来作为惩罚。针对上述所说的情况，森林所有权人如果面临以下两种情况，是可以进行毁林的责任免除申诉的：①树种清除；②截止到2007年9月森林所有权人拥有的林地面积要超过50hm^2。有惩罚就需要有相应的补偿措施。由于1990年前的森用地在使用上缺乏一定的灵活性，造成了所有权人在经营过程中林地出现收益下降的情况，这时他们是可以向政府提出申请获得一定的新西兰单位来作为一次性补偿，以降低损失。

其次，针对1990年后的森林，无论是天然林还是人工林都可以在自愿的情况下加入减排体系而获得相应的碳信用指标。换句话说就是，在减排体系下所有的森林类型所受的待遇是相同的，直到2013年获得政府碳信用额度分配的资格。同时。森林所有权人在自愿的情况下可以将部分或全部森林资源加入减排系统，这时森林所有权人会因为森林碳汇的净增加而从政府获得一定的新西兰单位作为鼓励。相反，如果森林由于过度砍伐或者不可控力（火灾）的发生导致碳汇程度大幅度下降，此时森林所有权人就必须按照条例向政府缴纳相应的新西兰单位来作为惩罚。

同时，Trotter先生的研究团队，还在不断地丰富和完善相关树种碳汇计量模型，并实现了GIS技术在项目开发与碳汇计量监测方面的网页化应用，一方面不断提高林业碳汇交易项目开发的技术支撑力度，另一方面也有效降低了项目开发的经济成本。

3. 主要心得体会

新西兰森林资源丰富，而且人工林比较多，中幼林所占比重比较大，在世界范围内可以说是林业大国。但是又因为新西兰森林树种比较单一，而且森林的总体碳汇潜力比较大，这些在某些程度上都与我国的森林国情比较类似。从这个角度来说，对新西兰林业参与国家碳交易的做法的研究对我国林业参与碳排放交易市场建设具有很大的参考价值。通过交流，我方的体会主要有以下几点。

（1）具备总量控制目标。新西兰政府以1990年为基础，确定了一个到2008—2012年、2020年、2050年的3阶段减排目标，同时这也是新西兰在国际上承诺的温室气体排放总量的目标。建立碳市场的目的是为了在低成本的基础上获得实现国家减排目标的方式。

（2）有完善的立法。新西兰很早就意识到了林业与气候变化的关系，并且在2002年的时候就制定了一部相关法律——《应对气候变化法》，在随后的2008年和2011年还分别进行了修订。碳市场的健康发展经历了一个很漫长的过程，从立法到试运行再到法律的反复修订和完善，直到最终的符合碳市场需求的法律基础完全建立起来。林业碳汇交易的规则体系也向着更加合理的方向发展。

（3）纳入了配额体系。林业碳汇项目开发者可直接获得碳配额，但是配额总体略低一些，与排放需求是不匹配的，因此企业一方面需要在自身努力下进行实质性的减排，另一方面可以到市场购买超出的额度。需要注意的是排放指标也可以到国际市场进行购买，但是配额是不允许在国际市场进行出售的，这就是所谓的"许进不许出"原则。其实这么做的目的是为了防止"国有资产"向他方流失。

（4）统一的交易单位和价格。在碳交易市场，无论是什么样的行业，也不管采取的是减排量还是碳汇量，所使用的交易单位都是统一的"新西兰单位"。政府规定一个"新西兰单位"的含义是一个单位的二氧化碳当量。在这个时期内，政府将每个新西兰单位的价格设定为25新元，不可随意更改。这样做的目的一方面有效防止了减排项目和碳汇项目之间的恶意竞争，另一方面在一定程度上抑制了市场转手、倒卖、囤货等投机行为的发生。

（5）有基准年。新西兰政府将1990年作为基准年，始终按照《京都议定书》的要求进行，这样既有利于切实履行国际减排义务，又为将来国内市场与国际市场的无缝对接打好基础。

（6）赋予农林管理部门相应职责。在新西兰，林业首先被列入交易体系之中，因其专业性比较强，所以在森林碳汇对国家减排的贡献中所占的比例高达25%~30%。另外，林业参与碳交易的相关技术指导和行业监管由基础产业部门负责，而且职责划分明确。

（二）澳大利亚情况

1. 考察交流情况

2014年7月8日，我国代表团在澳大利亚国立大学环境学院的安排下，与该院气候变化清单编制、林业碳汇计量监测与模型研究、土壤碳监测、森林生态系统水碳平衡理论研究等领域的专家进行了一天的室内交流。会议由Richard Greene教授主持。会上，Judith Ajani教授介绍了澳大利亚在碳排放清单编制方面的主要架构与进展，Brian Murphy教授介绍了其在土壤碳计量方面的最新研究成果，Richard Greene教授介绍了流域土壤碳改良途径的研究进展，Cris Brack教授介绍了其在树木碳计量模型方面的研究情况，Zoe Read博士介绍了其在生物多样性环境种植模式下对土壤碳吸收研究的情况，Jamie Pittock教授介绍了其在森林生态系统水碳平衡研究领域的最新进展。我方代表在会上就中国园林绿化概况以及林业碳汇发展的现状进行了介绍，并与澳方专家详细沟通了解了澳大利亚碳排放交易机制构建的情况，同时表达了未来在林业碳汇领域能够得到澳大利亚国立大学方面更多技术支持的期望。双方计划下一步继续加强人员交流，会议成果显著。会后，我团人员还就澳大利亚森林碳汇经营管理情况进行了实地考察。

2. 交流内容概要

（1）澳大利亚开展碳交易的大背景。澳大利亚地处太平洋西南部，属于岛屿型国家，全国国土面积为760万km^2，人口为2279万人，位于发达国家的行列。虽然整个澳大利亚的CO_2排放量占全球总排放量的1.5%左右，但是人均碳排放量在世界范围内却属于比较高的。根据有关数据显示，2009年澳大利亚的人均二氧化碳当量为17.87t，这个数据是邻国新西兰的2.5倍，而与世界平均值相比竟是其5倍左右。澳大利亚政府为了使这一情况得到相应缓解，在2007年12月正式加入了《京都议定书》的阵营，承诺到2020年的时候，国内的温室气体排放与2000年相比可以实现5%~15%的减少，而如果国际社会能达成并签署温室气体全球性的减排协议，这一比例还可以调整到25%，这一举措可以说是非常惊人了。

但是，2011年的时候，澳大利亚政府又提出了一个大胆的设想——温室气体2050长期减排目标，具体为到了2050年时温室气体排放量与2000年相比要实现减少60%的目标。澳大利亚政府为了尽快实现这个目标，在11月8日的国会上通过了《清洁能源法案》，政府大胆预计如果这一计划可以全部实施的话，到了2020年可以实现减少1.59亿t二氧化碳的排放量的目标，这与2000年相比二氧化碳排放又降低了5%。另外，这一“法案”还规定从2012年7月1日起先实施固定碳价计划（CPM）并征收一定的碳排放税，也就是碳排放企业每排放1吨温室气体需要支付23澳元的税费，而且其后的两年内每年提高2.5%。在CPM计划实施的3年后，开始温室气体总量控制的计划，由此碳排放交易体系（ETS）正式形成。

（2）澳大利亚碳税政策的变革。澳大利亚碳税政策的实质是促进减排的顺利进行，从以下三点可以直接看出来。其一，碳税覆盖能源行业、交通行业、工业加工业、非传统废弃物和排放物等国家重要领域的排放源，这些行业总的排放量占国家总排放的70%以上。另外，企业二氧化碳的年直接排放量只有超过2.5万t时，才需要缴纳排放税，根据这一指标国内大约有500家大型污染企业将会为他们所排放的碳污染而付出高昂的费用。其二，政府事先对排放企业发放排放许可，每个许可代表温室气体的排放量是1吨，每个企业按照排放许可来进行碳税的支付。在此期间，企业可在一定范围内按照固定价格从政府购买碳排放许可，最大购买量不可超过其在每一合规年度的排放量。其三，减排企业为了获得排放量除了可以寻求援助外还可以用农林业碳汇项目的澳大利亚碳信用单位（ACCUs）进行抵偿。只不过这两种方式都有一定的限制，寻求援助是有资金和范围限制的，而抵偿必须要限制在5%以内。

固定价碳税政策从某些方面来说确实对电力、工业等领域带来了实质性的减排效果，在维护国际形象上功不可没。只不过这种模式采用的是在转移定价的帮助下将碳市场的排放源负面嫁接给消费者，这一负面影响就比较明显了，并且引起了广大民众的强烈反感。政府在这种情况下宣布废除固定价碳市场，提前推出浮动价碳市场，一个重要背景是期望通过降低碳价减轻家庭负担，为政府赢得选票。

为了既兼顾到"减排形象"，又有效控制实质性减排对"国内民意"的影响，澳大利亚政府在2013年7月的《清洁能源立法修正案》（征求意见稿）（Explanatory Note and Exposure Drafts：Clean Energy Legislation Amendments）中，针对2014年即将推出的国家碳市场做出了以下灵活调整：①林业碳汇项目争取ACCUs帮助减排部门的上限突破了5%限制。突破的具体上限，法案尚未明确。随着新规定的出台，减排企业不再局限于旧规的5%的限制，而是可以通过林业碳汇项目所获得的ACCUs来对所排放的碳进行抵消。在旧的模式下，电力、工业部门对减排的选择是非常有限制的。而通过新的市场模式，这些部门可以在交易市场获得较多的林业碳汇，从而降低了减排的成本，也在一定程度上减轻给民众带来的负担。为了帮助林业碳汇参与碳市场，国家于2011年出台了《农业减碳行动（Carbon Faming Initiative）法案》，该法案的实施旨在推动碳补偿项目方案的顺利开展，并且还明确规定了项目的运行机制，对那些为减少碳排放做出贡献的农民和土地管理者给予适当的经济激励，从这个角度来说也就为林业碳汇单独参与碳交易提供了法律基础。②使国际碳市场履约的灵活性得以增加。超量排放企业的履约方式是通过国际市场来获取一定量的碳单位，这就在一定程度上提高了其清偿碳负债的灵活性，只不过这一方式在实际使用过程中需要受到以下条件的限制：利用欧盟排放贸易体系的碳单位不能超过其清偿的年度碳负债总量的50%，京都机制碳单位不能超过6.25%（2015年7月1日可以提高为12.5%）。③允许存入和透支。新的交易模式还增加了企业存入和提前透支碳单位的功能，只不过提前透支是有额度限制的。例如，要想透支2015—2016年度的碳单位来对2014—2015年度的碳负债进行抵偿，其是不能超过2014—2015年度碳负债的5%的。

（4）基于碳汇交易的相关理论技术研究。首先，开展碳交易，包括碳汇交易，就要弄清当前的碳排放形式，进而确定和调整相关政策。于是澳大利亚在刚开始建立交易体系的时候，就提前对国内的温室气体排放情况进行了调研，在具体开展过程中，这项工作与国内的温室气体清单编制工作有很大的相似性，主要是一些具体的行业领域和相关参数的地域性差别。与国内的一大区别是，澳大利亚在开发农林类碳交易项目时，会首先将土壤碳库的变化量计算在内，所以在土壤碳汇的计量与改善方法方面的研究就相对多一些，并在某些方面处于世界领先水平。而在实际应用过程中，还需要重点考虑的是土壤碳监测的精度与成本之间的关系问题，不过澳方专家针对这一问题也进行了大量的相关性研究，使项目在实际应用中可以做到有据可循。其次，还对碳、水的平衡问题进行了全面考虑，在全澳洲范围内，从区域降雨量不同的角度出发，对适合开展碳汇营造林项目的区域进行划分，在此基础上对开展碳汇项目开发的生态合理性进行了特别强调。

3. 主要心得体会

（1）提升林业在碳排放交易市场中的份额。澳大利亚的林业碳汇是通过单独立法，即《2011碳信用（低碳农业倡议）》法案，界定其项目边界、方法学及兑换ACCUs的办法，以市场外运行的方式挣取生态补偿，补偿有上限限制，即不超过减排企业许可证的5%。但是，从实质性减排和尽可能减少民众负担的双赢角度进行考虑，澳大利亚已突破原来模式5%的限制，使林业碳汇的补偿空间得到大幅提升。这种做法十分值得我国试点区域进行借鉴。如果在实际中一方面收紧配额，另一方面向控排企业提供灵活的森林碳抵消机制，这样就可以实现在增加碳排放配额市场的买方需求和活跃市场的同时，通过灵活的抵消机制帮助企业减少减排成本的共赢局面。我国有必要借鉴其经验，加快推动我国的碳抵消机制设计，在碳排放配额管理方面就可具备条件收紧配额，市场活跃程度就会发挥得更好。

（2）强化林业碳汇技术研究支撑。在森林生态系统碳汇能力评估研究方面，澳大利亚科研工作者以全国的遥感动态数据资料为基础，对本国的森林生态系统碳储量及碳汇能力进行了良好的评估与预测。在森林碳汇计量与动态监测研究（含土壤碳库）方面，澳大利亚处于世界领先水平。我国要加快推进林业碳汇工作的开展，除了政策推进外，强有力的科研技术支撑也必不可少。一是要推进林业碳汇相关技术标准的制定并加以推广应用。二是要继续完善我国森林绿地碳汇能力监测网络体系的建设。三是要持续开展森林生态系统减排增汇关键调控技术研究与示范工作，同时要重视林业碳汇项目开发与生态环境整体平衡间关系的研究，做到以综合生态效益为基本出发点，进行项目开发。

4. 主要建议

（1）积极研究推进林业碳汇纳入碳排放总量控制目标和气候立法框架。目前，我国已将林业碳汇正式纳入我国的碳排放权交易试点体系中，为了满足市场对林业碳信用产品的迫切需求，积极推进林业碳汇的立法进程。将林业碳汇得出终极目标考虑到国家减排目标和气候立法的顶层制度设计中，这将会为以后的林业碳汇快速纳入国家碳交易体系打下结实的基础。

（2）推动林业碳汇纳入配额管理。以我国的碳排放权交易试点为出发点，在借鉴新西兰相关经验的基础上，对我国目前的生态公益林现状进行充分考虑，在相关的交易制度过程中，结合过渡期的设计，这就需要在配额总量中明确一定量的林业碳汇份额，允许排放企业可以通过购买一定量的林业碳汇来抵扣相应的减排数量。

（3）统一碳排放交易单位和定价。目前，我国的林业碳汇核证减排量（CCER）的价格与配额相比估计要低50元/t左右，这不仅与我国积极鼓励林业生态建设的目标相背离，而且还可能因为成本太高而减缓了林业碳汇交易可持续发展的进程。鉴于此，我们可以积极借鉴新西兰和澳大利亚在过渡时期的成功经验，采用每吨林业碳汇二氧化碳当量50元（或更高）的明确相对固定的价格，从而在一定程度上避免出现林业碳汇项目开发积极性不高的情况和倒买倒卖等投机行为，可以使市场处于一个相对稳定的环境之中，确保碳汇交易市场的健康有序运行。

（4）强化技术支撑和科技创新。一方面，完善碳汇项目开发的各个技术环节和支撑体系。另一方面，加强相关方法学的开发与试验示范工作，对我国林业碳汇试点的工作起到积极促进作用。此外，探索各种先进技术在碳汇计量监测与管理中的实际应用水平，以使项目开发与管理的成本控制在最佳状态。

在碳汇项目开发的各个技术环节，不断完善生产、计量监测与审定核证的技术支撑体系，同时加强相关方法学的开发与试验示范。积极推荐我市林业系统符合条件的技术支撑单位向国家发改委申报作为审定与核证机构的资格。

（5）明确林业部门的职责。在各级设计环节，要对各级林业部门的权责义务进行明确划分，尤其是到了顶层设计，这一要素更要特别注意。林业碳汇本身就是一个专业性很强的领域，只有林业部门给予了足够的重视并加大管理力度，才可以保证其处于一个安全、稳定的市场环境中。此外，还要对各级林业部门的职责权限和审批流程加以明确指示，其中对核证资质机构进行审定应由林业部门协助发改委开展，而计量监测机构则承担的是资格审核与监管方面的职责。

（6）加强政府引导性的资金支持。由于抵消机制下的林业碳汇项目实施期限比较长，于是在实施成本和难度上相比其他同类项目来说都要相对高一些，这就决定了其虽然贡献大，但是高的机会成本导致了部分项实际从碳市场的获益是很低的。因此可以尝试由财政部门对参与碳市场抵消机制下的林业碳汇项目进行补偿的机制，从而释放良性的市场导向信号，引导市场向更加安全的方向发展。

（7）强化人力资源保障。新西兰和澳大利亚在林业碳汇领域的快速发展与其在该领域技术研究与人员能力建设上的重视密不可分，我国应借鉴其做法与经验，注重技术研究与转化，加强相关人员能力建设水平。

（8）深化国际合作与交流。澳大利亚在林业碳汇交易市场架构包括相关计量监测体系构建方面，有许多先进经验值得学习和借鉴，世界其他一些国家和地区，如美国、新西兰等国也都在该领域有良好的发展，我们应加大与国际社会的交流与合作，实现互通有无、共同发展的良好局面，解决现行制度所存在的设计、技术支撑体系等方面的不足，进而推进我国林业碳汇工作的有序进行。

第四节　林业土地利用与碳汇

一、森林碳源汇

森林中的植物的整个生长过程在同化作用的帮助下可以对大气中的CO_2吸收和同化，然后扣除植物自身呼吸所消耗，就形成了净初级生产量（NPP）。而部分NPP还要经过植物自身的死亡、凋落、自然或人为等因素的干扰而形成死有机体，最后再经过异养分解的作用而实现排放，余下部分为净生态系统生产量（NEP）。综合前面的影响因素，我们可以得知森林的碳源汇的功能和大小与NEP的正负和大小有直接的关系，当NEP大于零时，系统就表现为净碳呼吸汇；反之就是净碳排放源。

森林的NEP因不同气候—森林类型、年龄、立地条件和人为干扰状况等因子而异，北方森林约为$-1.0\sim2.5$tC/($hm^2\cdot a$)（n=20）[1]，温带森林约为$2.5\sim8.0$tC/($hm^2\cdot a$)（n=35），地中海地区森林为$-1.0\sim2.0$tC/($hm^2\cdot a$)（n=8），热带森林为$2.0\sim6.0$tC/($hm^2\cdot a$)（n=12）。欧洲通量网（EUROFLUX）测定结果表明，欧洲森林生态系统NEP为$1.0\sim6.6$tC/($hm^2\cdot a$)，随纬度增加而降低，而总第一性生产量与纬度无关，即NEP取决于呼吸量的大小。

---

❶ 括号内数据为标准差。

按照自然规律，森林吸收CO_2的能力是与森林的生长和成熟度成反比的。也就是说森林中树木随着生长，其吸收CO_2的能力是呈下降趋势的。同时，由于森林自养和异养呼吸能力的增加，促使森林生态系统与大气的净碳交换能力慢慢下降，此时森林系统处于一种碳平衡或碳储量趋于饱和的状态，如一些热带和寒温带的原始林。只不过如果想要达到理想中的饱和状态却需要经历一个非常漫长的过程，甚至达数百年之久。一些研究测定发现原始林仍有碳的净吸收。一般而言，大部分尚未成熟或者已经成熟的森林生态系统表现出的是碳吸收汇，而那些没有经过砍伐的逐渐趋于老龄化的森林通常都处于一种相对平衡状态，仅有的就是死有机质和土壤碳还存在缓慢积累。

自然或人为引起的森林破坏（包括采伐）是大气CO_2的重要排放源。当森林不管是被自然还是人为破坏后，只有其加工转化而成的耐用木制品可以长时间保存，其他的都会通过异养呼吸或燃烧的途径而排放到大气中，随之消失。经过破坏后的死有机质分解碳排放往往比林分生长碳吸收量要多出一些。单个林分既可能表现为碳吸收汇，也可能表现为碳排放源。森林碳汇往往需要经历一个漫长的过程，而干扰和森林采伐导致碳排放通常都是短时间而比较快速的过程。而且经过扰动后所引起的土地利用变化（如毁林）还会造成土壤碳的大面积排放。因此，区域尺度上森林碳源汇功能取决于森林本身的NEP以及扰动和土地利用变化引起的碳源汇的大小。理论上讲，当区域内所有林分都达到老龄状态时，碳储量达到最大。而实际上，由于自然或人为干扰，一个区域内的森林通常处于不同的发育阶段。

二、林业活动与减排增汇

通常增加森林碳储量与可持续森林利用之间存在此消彼长的关系。例如，停止采伐森林可增加森林碳储量，但会减少社会经济发展所需的木材和纤维产量。这些减少的木质材料需要更多的能源密集材料来弥补，如混凝土、铝、钢材和塑料等，从而引起温室气体排放的增加。造林也可能影响其他部门的温室气体排放，如果造林导致农地减少，可导致高排放农业措施的实施（如肥料使用量增加以提高粮食产量），或在其他地方开垦农地，或增加农产品进口量。因此，林业减排增汇策略须综合考虑部门内和部门外的影响以及作用的时间框架。根据IPCC第四次评估报告，林业部门的减排增汇行动主要包括以下四类活动。

（1）通过植树造林或减少毁林的发生概率，使森林面积可以持续增长。

(2)通过降低森林退化的程度以及采用一些合理的营林技术,保持或提高林分水平碳密度(单位面积碳储量)。

(3)通过森林保护、延长轮伐期、林火管理和森林病虫害控制,提高或使森林碳密度保持在稳定状态。

(4)通过积极寻找可以替代化石燃料密集型产品的物质,如林业生物质燃料等,从而增加异地木制品的碳储量。

此外,每一种减排增汇活动及其成本效益都有自身的时间尺度。判定方法有效的方法无疑是在一定时间内是否可以最大限度地减少或避免排放。但是,一旦控制了排放,森林碳储量仅仅维持稳定或有缓慢增加。与此相反,造林的碳吸收则可持续数年至数十年,但要求较大的前期活动和投入。大多数旨在增加碳汇的森林经营活动也要求前期投入,其碳效益因不同地区、活动类型和森林的初始条件而异。从长远来看,旨在维持或增加森林碳储量,同时又能可持续地提供木材、纤维或能源的森林经营活动,能产生最大的可持续的减排增汇效益。

三、人工造林与碳汇

(一)植树造林碳汇功能

植树造林是使森林面积得到扩大的最有效措施之一,而且目前世界范围内普遍公认的也是通过植树造林的方式来增加陆地碳汇功能。这里的造林是指在长期的无林地上的森林植被恢复活动,从这个意义上讲,在采伐迹地、火烧迹地等迹地上的植树造林不属于造林的范畴。在我国,增加森林面积的措施包括人工造林、飞机播种造林和封山育林,最主要的还是人工造林。据不完全统计,我国人工造林成林率约75%左右,成林时间平均为4年。

植树造林不但可大幅增加陆地生态系统生物质碳储量,还可增加有机质储量,并在一定程度上提高土壤有机碳储量。营造的森林采伐后,部分生物量中的碳转移到木制品中,可储存数年到数十年,甚至更长时间。部分采伐和加工剩余物可转化为土壤有机碳,部分通过异养分解排放,部分可作为生物质燃料替代化石能源。木产品还可替代能源密集型产品,如塑料、水泥、钢材等。因此,营造的人工林经过可持续森林经营,其直接和间接减排增汇效益随着轮伐次数的增加而增加。

(二)人工造林生物质碳汇

植树造林生物质碳吸收速率与生长速率是和木材密度有着不可分割的

关系的，因造林树种、立地条件和经营措施而异，约在1～35tCO_2/(hm^2·a)之间，寒温带约0.8～2.4tC/(hm^2·a)，温带约0.7～7.5tC/(hm^2·a)，热带约3.2～10tC/(hm^2·a)。但是我国人工林质量较差，根据第6次全国森林资源清查，人工用材林和防护林成熟林的平均蓄积仅81m^3/hm^2，其中东北、华北西北、西南、华东、华中华南分别为103m^3/hm^2、49m^3/hm^2、92m^3/hm^2、117m^3/hm^2和83m^3/hm^2。根据主要树种平均成熟年龄和碳计量相关参数，估算得到我国主要树种人工用材林和防护林现实年均碳汇量，见表2-1。我国人工林生物质碳汇能力处于较低水平。这些结果也远低于通过样地生物量实测的结果。

表2-1　我国人工造林年均生物质碳吸收量

树种组	生物质碳吸收量/（tCO_2/(hm^2·a)）				
	东北	华北、西北	西南	华东	华中、华南
云杉、云杉、冷杉、柏木、铁杉、红松	1.58	0.76	2.02	2.57	1.82
落叶松、樟子松	3.86	1.85	3.46		
油松、马尾松、云南松、思茅松、华山松	3.14	1.15	3.52	4.47	3.16
杨、柳、檫、楝、泡桐、木麻黄、枫杨、软阔类	6.83	3.27	7.65	9.72	6.88
桦木、榆树、木荷、枫香、珙桐	3.41	1.64	3.82	4.86	3.44
栎类、柞木、槠类、栲类、樟类、楠木、椴类、水曲柳、硬阔类	3.96	1.90	3.55	4.52	3.19
杉木、柳杉、水杉			3.40	4.32	3.06

竹林的生长有别于其他林种，竹笋通常在3个月内生长为成竹的高度和直径，在以后7～8年内其竹密度增加，而大小不变。竹林林分[1]通常在7～10年内成熟后，每年采伐部分老竹，而新竹又可弥补采伐老竹的损失，从而使竹林处于动态平衡状态，生物量基本处于稳定状态。据研究，毛竹林平均生物量为159.86t/hm^2，其他竹类平均为95.36t/hm^2，按8年的成熟龄计算，年平均生物质碳汇量为36.6tCO_2/(hm^2·a)和21.9tCO_2/(hm^2·a)，8年以后碳汇量为零。因此，相对其他人工林分而言，竹林具有碳汇能力强、迅速和稳定的特点。

[1] 林分，指内部特征大体一致而临近地段有明显区别的一片林子。

（三）造林土壤碳汇

植树造林后土壤碳的变化与多种因素有着直接关系，其中最常见的有林分年龄、气候、初始土壤碳储量以及营造的森林类型、密度和经营管理措施等。这些因素通过影响输入到土壤中的有机物质的数量、质量和时空分布，以及土壤温度、湿度、土壤呼吸和矿化速率、土壤pH值和离子交换能力，从而影响土壤有机碳的变化。

造林后土壤碳的变化方向和速率因时间而异，就全球而言，在造林后10年内，0～10cm土层土壤有机碳每年降低0.51%，0～30cm土层每年增加0.06%。10年以后（平均年龄30年左右），0～10cm和0～30cm土层土壤有机碳平均每年分别增加0.02%和0.37%。对我国64个地点的研究结果的综合分析表明，造林后10a内、10～20a和20a以上，0～20cm土层土壤碳年均分别增加1.17%、2.47%和1.29%；20～40cm土层分别增加3.22%、2.92%和1.34%，这些结果远高于全球的平均值。

气候因素通过两方面对土壤有机碳产生影响，一是影响土壤有机质和凋落物的分解速率；二是影响人工林的生产力及其凋落物数量。气候因子对植树造林后土壤碳积累的长期潜力具有一定的决定性作用。在热带和亚热带湿润地区，植树造林后土壤碳将会呈现出增加的趋势，0～30cm土层平均年增加3.77%和3.37%（10a内）以及2.33%和1.04%（>10a）；而在温带或地中海气候区，植树造林后表层的土壤碳反而呈现相对下降的趋势，即在最初10a，30cm表土层土壤碳年降低0.53%，等到10年以后平均降低0.02%。

大量研究证实，造林后土壤碳累积速率随年均降水量的增加而增加，而在土壤水分充足的条件下，土壤呼吸速率与年均气温直接相关。对我国造林相关研究结果的综合分析表明，造林对0～40cm土层碳储量的影响，在年均温10～20℃的区域最大，而降水量越高，造林增加土壤碳的能力越强。

选择不同的树种造林，对土壤碳的影响也不同，主要与树种凋落量、轮伐期长短、根系分布以及凋落物和采伐剩余物的化学组成有关。例如，研究发现，营造辐射松后的10a内，30cm土层内土壤有机碳年均降低2.39%，而其他树种呈增加趋势或变化很小；这可能与辐射松凋落物分解速率低，轮伐期较长有关。对我国对比研究数据的分析表明，营造针叶林使0～20cm和20～40cm土层土壤碳年均分别下降1.09%和0.47%，营造阔叶林年均分别增加1.64%和4.89%，而营造针阔混交林使0～20cm土层年均下降0.06%，20～40cm土层年均增加2.79%。营造针叶林土壤碳的降低主要发生在造林后10a内，10a以后仍是增加的趋势。

在那些土壤碳储量比较低的土地上进行造林，如长期耕作的农地，此时土壤碳的累积速率是比较明显的，都会较高。而在那些本身初始碳储量就比较高的土地上造林，如某些草地生态系统，反而会导致土壤碳减少的情况发生，这种差异在植树造林后10a内表现得尤为明显。在草地上造林，0～30cm土层土壤有机碳平均每年下降0.37%（<10a）和0.24%（>10a）；而在典型的农地上造林，0～30cm土层土壤有机碳平均每年增加3.3%（<10a）和1.96%（>10a）。Guo和Gifford（2002）的综合分析也发现，在农地上造林，土壤有机碳平均增加18%，而在草地上造林，土壤有机碳平均下降10%。对我国不同地类上造林土壤碳变化的综合分析表明，在耕地上造林，0～20cm和20～40cm土层土壤有机碳年均分别增加4.09%和3.70%，在草地上造林分别为0.62%和3.06%；在荒山荒地造林，小于10a时，0～20cm和20～40cm土层土壤有机碳年均分别增加3.45%和3.74%，大于10a时，分别为1.74%和1.20%。

政府间气候变化专门委员会（IPCC）制定的温室气体国家清单指南，通过基准碳储量、土地利用系数、土地管理系数和土壤有机物质输入系数，计算各种土地利用转化（如造林）前后的稳定碳储量，转化后与转化前稳定碳储量之差除以转化后土壤碳达到稳定的时间（缺省值为20a），即为到达新的平衡前，土地利用变化引起的土壤有机碳储量的年平均变化量，到达新的平衡后（如缺省20a后）土壤有机碳变化为零。

目前清洁发展机制（CDM）造林再造林方法学设定的土壤有机碳储量年变化的缺省值均为$0.5tC/(hm^2 \cdot a)$，土壤有机碳达到新的平衡所需的时间的缺省值均为20年，即20年后年变化为零。使用该缺省方法的条件主要包括以下几个方面。

（1）项目地不为有机土（如泥炭地）或湿地。

（2）整地对植被的清除范围不超过面积的10%，除非项目参与方能证明，植被清除和炼山是基线情景下的普遍做法。

（3）在现地保留枯落物而不被采集和清除。

（4）整地和翻耕对土壤的扰动范围不超过总面积的10%。

（5）整地和植被清理沿等高线进行。

同时，CDM执行理事会制定了造林再造林土壤碳估计工具，采用IPCC土地利用转化和平衡的方法，考虑造林前后土地利用和管理状况、整地土壤碳流失以及当地基准碳储量；但是，有机碳储量年变化不能超过$0.8tC/(hm^2 \cdot a)$。

（四）人工造林固碳成本

植树造林增汇成本会因为地区和土地类别的不同而存在一定的差异，其影响因素主要有可利用土地的规模、整地和劳动力成本、土地的机会成本、森林的生长速率等。据IPCC第四次评估报告估计，在发展中国家在0.5～7US$/t$CO_2$之间，在工业化国家约在1.4～22US$/tCO_2之间。

以注册的CDM广西珠江流域治理再造林项目为例的分析表明，项目碳汇成本随着项目期而增加（未考虑土壤碳的变化），并因贴现率而异，如图2-1所示。就不同造林模式的固碳成本而言，以桉树最低，其次为马尾松+栎类、马尾松+荷木、枫香+马尾松和枫香+杉木，如图2-2所示，固碳成本接近发达国家水平。

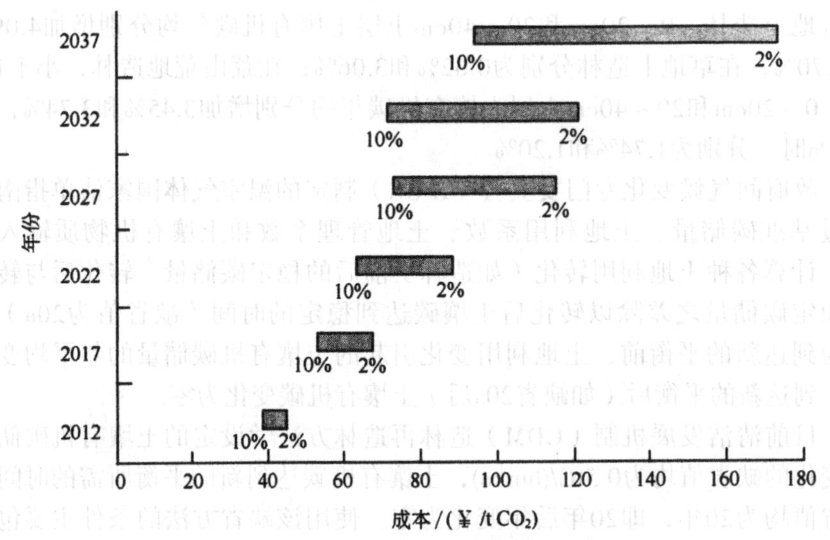

图2-1 广西珠江流域治理再造林项目碳汇成本

（图中百分数为贴现率）

四、飞播造林与碳汇

飞播造林是我国特有的一种森林植被恢复方式，1956年到20世纪90年代初，全国有26个省（区、市）的931个县进行了飞播造林，作业面积2533万hm^2，成效面积867万hm^2，几乎占到建国以来人工造林总面积的25%，使全国森林面积的覆盖率与之前相比实现了0.9个百分点的增长。1956—1985年全国累计飞播面积1333万hm^2，成活保存面积433余万hm^2，占全国人工造林保存总面积的16%。21世纪以来飞播造林面积迅速下降。我国的飞播造林主要集中在西北、西南和华北地区。华东华南地区在20世纪90年代初期是我国飞播造林的主要地区，占一半左右，但下降趋势明显，从1991年的近50万hm^2下降到1995年的约3.6万hm^2，2002年以后停止了飞播造林。东北地区飞播造林的力度一直很小，且从2003年以后也逐渐停止了飞播造林的进程。

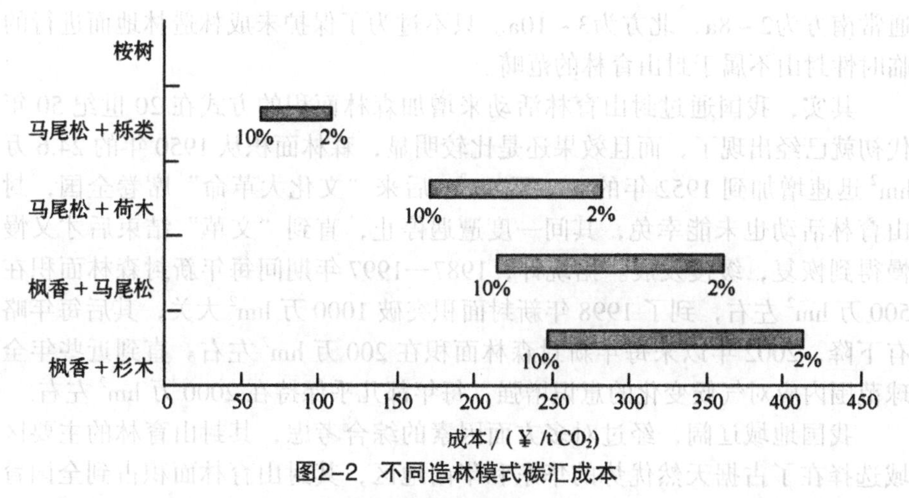

图2-2　不同造林模式碳汇成本

（图中百分数为贴现率）

我国飞播造林成林率约在30%～40%。飞播造林树木生长接近天然林的水平。例如，自20世纪70~90年代，陕西进行了大面积的油松飞播造林，总面积已达100万hm^2以上，成林面积约近40万hm^2，每公顷株数1550～1850，20年生飞播油松林平均蓄积75.17m^3/hm^2，年均生长量3.76$m^3/(hm^2·a)$，折合生物质碳吸收4.93tCO_2/hm^2。

浙江永嘉县西源乡云山林场飞播的11年生马尾松林，蓄积达30m^3/hm^2，年均生长量2.73$m^3/(hm^2·a)$，折合生物质碳吸收3.51tCO_2/hm^2。云南省1960—2000年在12个地州市的85个县飞播造林289万hm^2左右，成效面积约103万hm^2，相当于使全省森林覆盖率提高2.61个百分点。据调查，样云县26年生飞播云南松，平均树高7.0m，胸径9.0cm，每公顷株数5000株，每公顷蓄积量144m^3/hm^2；32年生飞播云南松，平均树高14.0m，胸径13.0cm，每公顷825株（已间伐两次，保留株数占间伐前株数的34%），蓄积量78m^3/hm^2。由于飞播造林对植被和土壤均无扰动，因此其土壤碳积累可能大于普通的人工造林。

五、封山育林与碳汇

封山育林一直是我国比较看中的一种可以增加森林资源的重要方式。封山育林指的是利用林木或灌草所具有的天然的自身更新的能力，对那些可以下种或萌蘖的地方，采用划定界限和禁止采伐、开垦、放牧等辅助措施，使其可以逐渐恢复成森林或灌草植被的措施。而采用的达到预期封育效果的层面所需的时间也就是封育年限也因南北方地域不同而有所差异，通常南方为2～8a，北方为3～10a。只不过为了保护未成林造林地而进行的临时性封山不属于封山育林的范畴。

其实，我国通过封山育林活动来增加森林面积的方式在20世纪50年代初就已经出现了，而且效果还是比较明显，森林面积从1950年的24.6万hm^2迅速增加到1952年的367万hm^2。后来“文化大革命”席卷全国，封山育林活动也未能幸免，其间一度遭遇停止，直到“文革”结束后才又慢慢得到恢复，缓慢发展。据统计，1987—1997年期间每年新封森林面积在500万hm^2左右，到了1998年新封面积突破1000万hm^2大关，其后每年略有下降，2002年以来每年新封森林面积在200万hm^2左右。直到近些年全球范围内应对气候变化的意识增强，每年都几乎保持在2000万hm^2左右。

我国地域辽阔，经过对多方面因素的综合考虑，其封山育林的主要区域选择在了占据天然优势的华东和华南地区，其封山育林面积占到全国育林总面积的一半左右。只不过随着近代工业的迅速发展，自20世纪90年代以来这些地区无论是封山育林总面积还是当年新封面积都表现出明显的降低趋势。到了90年代中后期，东北、华北和西南地区封山育林的面积与当年新封面积均呈降低趋势，而西北地区封山育林面积略有增长，但是当年新封面积仍然表现出的是下降趋势。

在浙江金华，封山育林10年、20年和30年，林分平均蓄积量达到$57.1m^3/hm^2$、$65.5m^3/hm^2$和$123.1m^3/hm^2$。

研究表明，与未封育相比，全封育和半封育的26年生马尾松，人工林的年均生长量分别提高$3.792m^3/hm^2$和$1.306m^3/hm^2$，相当于年生物质碳汇量净增$4.87tCO_2/(hm^2·a)$和$1.68tCO_2/(hm^2·a)$。

飞播通常伴随着封山育林，其森林植被恢复和碳汇效果比单一的飞播或封育更好。例如，对湖南溆浦县10年生飞播马尾松林的调查研究表明，采取封育的林分单位面积蓄积量（$75.65m^3/hm^2$）相对未封育林分净增$50.28m^3/hm^2$，年均净增$5.03m^3/(hm^2·a)$，当于年生物质碳汇量净增$6.46tCO_2/(hm^2·a)$。

六、森林经营与碳汇

通过可持续森林经营对提高林分水平和景观水平森林碳储量有一定帮助。提高林分水平碳储量的森林经营措施有很多，比较常用的包括避免采伐、减少水土流失、避免炼山和其他高排放活动等。如果是已经遭受到采伐和自然干扰的破坏后，可以采用适当的人工更新措施来加快森林的生长速度并降低土壤碳流失，此时经济因素往往在决定森林经营措施中起到不可忽视的作用。

景观水平碳储量是林分水平碳储量之和，森林经营活动对碳储量的影响最终须在景观水平进行评估。延长轮伐期可提高景观水平碳储量，但会降低其他碳库的碳储量，如木制品碳储量。

制定合理的森林经营方案实施以气候变化减缓为目的的森林经营的前提条件。据IPCC第四次评估报告估计，目前比较发达的工业化国家几乎90%的森林都制定并实施了相关的森林经营计划。而在发展中国家，只有约6%（1.23亿hm^2）的森林具有国家正式批准的管理计划，这一对比可谓是天壤之别。

在我国，由于长期以来的注重种植忽视管理的方法，导致缺乏必要的抚育管理，造成了大量的人工林变成了低质低效林，得不偿失。单位面积人工林蓄积量（47m^3/hm^2）为天然林的1/2。即使是人工成熟林，其蓄积量仅81.1m^3/hm^2，只有天然成熟林的42%左右。综上所述，在我国通过实施可持续森林经营，提高人工林的质量，是有很大发展空间而且碳汇能力巨大。

例如，我国政府为了使长江中上游的森林植被得以恢复，于20世纪80年代末启动了长江中上游防护林体系建设工程。四川省也紧跟其后自1989年开始长江防护林一期工程建设项目的进程，到了1996年底的时候所营造的防护林面积达到173.3万hm^2，主要分布在川中丘陵农区，林分类型以柏木林为主，虽然长江防护林的建设在很大程度上改善了川中丘陵区的生态环境，使森林覆盖率得到一定程度增加，但是由于当地自然环境的限制，导致造林密度过大等负面影响，使其所营建的柏木林已成为新的低质低效林。据研究，将每7400株/hm^2的柏木人工林间伐至2200～2300株/hm^2，4年后相对于不间伐的人工林，生物质碳储量增加6.5～8.3tC/hm^2。

七、毁林与碳汇

毁林引起森林中储存的巨大生物质碳储量迅速降低，并引起土壤碳的大量排放。所谓毁林，是指改变林地用途，造成森林覆盖的长期丧失。经营性采伐不属于毁林，因为通常在采伐后不久会采取森林更新措施恢复森林植被。工业革命以来，全球毁林面积呈现逐年上升的趋势，尤其是近50年来，以热带亚洲和南美为主的毁林事件最为突出。在20世纪50年代以前，毁林的发生地聚集在北美和欧洲等温带地区以及热带亚洲和南美地区，而到了20世纪中叶以后，北美和欧洲（除前苏联外）的毁林活动基本消失。只不过此起彼伏，同期的热带亚洲、拉丁美洲和非洲热带地区的毁林速度却在大幅增加，因此成为了CO_2的主要排放源。

根据联合国粮食和农业组织的数据来看，1980—1995年间热带地区的毁林速率达1550万hm^2/a，1990—2000年，全球年均毁林面积达1460万hm^2/a，其中热带地区为1420万hm^2/a，2000—2005年为1300万hm^2/a，其中原始林600万hm^2/a。全球毁林引起的碳排放从1850年的0.3GtC/a，增加到20世50年代初的1.0GtC/a，到80年代末达2.0～2.4Gt/a。据IPCC估计，1850—1998年期间，由于土地利用变化引起的全球碳排放达136±55GtC，其中87%由毁林引起，13%是由于过度开垦草地造成的，而同期化石燃料燃烧和水泥生产的排放量为270±30GtC；在20世纪80年代和90年代，以热带地区毁林为主的土地利用变化引起的年碳排放分别约为1.7±0.8GtC/a和1.6±0.8GtC/a，分别占化石燃料燃烧排放量的31%和25%。

近期的估计表明，1993—2003年热带地区由于土地利用变化所引起的碳排放为1.1±0.3GtC/a。从全球的角度来看，正是毁林活动的存在致使大面积森林受损，从而导致大气CO_2排放量增多。即使造林再造林增加了森林碳储量，但由于巨大的毁林面积，全球森林生物质碳储量每年减少1.1Gt/a。因此，减少或避免毁林活动的发生就可以在一定程度上避免生物质和土壤碳的迅速而大量的排放，是林业部门减排最迅速、直接而且是效果最为明显的措施。由于毁林主要发生在热带国家，因此减少毁林和森林退化在南美洲、非洲、热带亚洲（东南亚）和中美洲具有很大的潜力。

我国在20世纪70年代末，森林面积呈现一度下降的趋势。改革开放以来，随着国家和人们森林保护意识的增强，大规模的植树造林活动层出不穷，森林面积开始呈现大幅增加。即使是这样，我国近20年来的毁林面积仍然触目惊心。根据我国自20世纪70年代以来的6次全国森林资源清查，我国年均转出有林地的面积从第2～3次清查的334hm^2下降到第3～4次的220.76万hm^2、第4～5次的196.35万hm^2和第5～6次的207.91万hm^2，有的林地转出面积也表现出递减的趋势。其中以转化为宜林荒地的面积最大，其次为疏林地和非林业用地。从有林地转化为其他地类占转化总面积的百分比来看，转化为非林业用地的面积的比例是呈上升趋势的，而转化为疏林地的面积比例则呈降低趋势，转化为迹地和宜林荒地的面积比例下降的不是很明显，见表2-2。如果将转化为非林业用地和苗圃地的有林地转化视为毁林，则在过去几十年，我国年均毁林面积在40～74万hm^2/a。

毁林引起的土壤碳排放与毁林后的土地利用方式有关。研究表明，当毁林向农地进行转化后，由于土壤有机质的输入降低和连续的耕作，导致土壤有机碳的损失达到75%以上，大部分研究结果在0～60%，毁林转化为农地10年后土壤有机碳平均下降30.3%±2.4%（n=75）。而毁林转化为草地后土壤有机碳的变化无明显趋势，约一半的研究结果为土壤有机碳增加，平均增加4.6 ± 4.1%（n=84），如果只考虑经过容重校正的数据，则平均增加6.4% ± 7.0%（n=31），这种变化在统计上并不显著。通过在宁夏半干旱区的研究发现，当山杨和辽东栎天然次生林转化为农地和草地后，土壤有机碳密度分别下降35%和14%，而且同时降低的还有土壤有机碳的稳定性。

表2-2　各次森林资源清查期间有林地年均转化面积

<table>
<tr><th rowspan="2">由有林地转化为</th><th colspan="4">清查期</th><th colspan="4">所占百分比/%</th></tr>
<tr><th>2 ~ 3次</th><th>3 ~ 4次</th><th>4 ~ 5次</th><th>5 ~ 6次</th><th>2 ~ 3次</th><th>3 ~ 4次</th><th>4 ~ 5次</th><th>5 ~ 6次</th></tr>
<tr><td>疏林地</td><td>112.000</td><td>69.846</td><td>38.082</td><td>29.442</td><td>33.53</td><td>31.64</td><td>19.39</td><td>14.16</td></tr>
<tr><td>灌木林地</td><td>21.143</td><td>8.572</td><td>12.300</td><td>17.894</td><td>6.33</td><td>3.88</td><td>6.26</td><td>8.61</td></tr>
<tr><td>未成地</td><td>28.429</td><td>29.508</td><td>25.952</td><td>20.526</td><td>8.51</td><td>13.37</td><td>13.22</td><td>9.87</td></tr>
<tr><td>苗圃地</td><td>0.286</td><td>—</td><td>0.226</td><td>0.462</td><td>0.09</td><td>—</td><td>0.12</td><td>0.22</td></tr>
<tr><td>宜林荒地</td><td rowspan="2">117.571</td><td rowspan="2">72.732</td><td rowspan="2">63.592</td><td>22.794</td><td rowspan="2">35.20</td><td rowspan="2">32.95</td><td rowspan="2">32.38</td><td>10.96</td></tr>
<tr><td>迹地</td><td>42.858</td><td>20.61</td></tr>
<tr><td>非林业用地</td><td>54.571</td><td>40.104</td><td>56.200</td><td>73.938</td><td>16.34</td><td>18.17</td><td>28.62</td><td>35.56</td></tr>
<tr><td>合计</td><td>334.000</td><td>220.762</td><td>196.352</td><td>207.914</td><td>100%</td><td>100%</td><td>100%</td><td>100%</td></tr>
</table>

按每公顷森林蓄积80m^3计算，我国年毁林引起的生物质碳排放约1400 ~ 2600万tC/a。如果按森林土壤0 ~ 30cm平均碳储量90tC/hm^2，毁林引起的土壤碳排放率按20%计算，则我国毁林引起的土壤碳排放每年达700 ~ 1300万tC/a，两项合计，毁林碳排放约2000 ~ 4000tC/a。

八、发达国家土地利用变化和林业清单碳计量参数

从《联合国气候变化框架公约》主要国家2009年向联合国递交温室气体清单数据看，单位面积生物质的碳储量年变化因不同森林类型而异，各国的平均值0.8 ~ 13.8$tCO_2/(hm^2·a)$，平均为6.58$tCO_2/(hm^2·a)$，土壤碳年增量0.03 ~ 0.33$tCO_2/(hm^2·a)$，平均为0.141$tCO_2/(hm^2·a)$。造林生物质碳吸收1.9 ~ 41.1$tCO_2/(hm^2·a)$），平均为9.3$tCO_2/(hm^2·a)$；造林土壤碳增加0.02 ~ 1.62$tCO_2/(hm^2·a)$（20年），平均为0.848$tCO_2/(hm^2·a)$。毁林转化为农地土壤碳排放0.07 ~ 6.33$tCO_2/(hm^2·a)$，平均为2.29$tCO_2/(hm^2·a)$；毁林转化为草地、湿地和居住地土壤碳有的为增加，有的为降低。

第五节 我国林业碳汇宏观估计

一、我国林业碳汇的总量估计

（一）目前估计现状

基于国家森林资源清查的估算，21世纪初全国森林生态系统碳贮量约260～270亿tC，其中土壤碳储量约200亿tC、生物量约50～60亿tC、枯落物约8～9亿tC。从地域分异看，中国西南地区（包括四川、云南、广西和贵州）的森林植被碳贮量大约占全国的28%～35%，东北地区（包括黑龙江、吉林和辽宁）占全国的24%～31%。在西北和华北地区，20世纪80年代初实施的三北防护林工程，使森林碳汇量显著增加。

基于国家连续森林资源清查对中国森林植被碳源汇的估计表明，中国森林植被在20世纪50~70年代表现为2270万tC/a的碳排放源，以后逆转为增加趋势。在70年代中后期（第1～2次森林资源清查），中国森林表现为1200万tC/a的碳源至1800万tC/a的碳汇，80年代前期和中期（第2～3次清查期间）为1000～2200万tC/a的碳汇，80年代后期至90年代前期（第3～4次清查期间）表现为3600～9500万tC/a的碳汇，90年代中期（第4～5次清查期间）为1600～8500万tC/a的碳汇，90年代后期至21世纪初（第5～6次清查期间）为10200～16800万tC/a的碳汇。林业碳汇量总体呈增加趋势。

上述估计不包括经济林和竹林。中国竹林一直表现为碳吸收，其大小在20世纪50～80年代为280～540万tC/a，80年代前期和中期（第2～3次清查期间）为540～10407万tC/a，80年代后期至90年代前期（第3～4次清查期间）为430～580万tC/a，90年代中期（第4～5次清查期间）为1120～1370万tC/a，90年代后期至21世纪初（第5～6次清查期间）为1660～2010万tC/a。中国初始国家信息通报的估计表明，1994年中国林分净吸收5800万tC/a，经济林和竹林分别净吸收1640万tC/a和650万tC/a。

（二）估计方法

1. 资源数据整理

我们的估计是基于我国国家森林资源清查，由于国家森林资源清查每5年进行一次，每次清查历时5年，各省（区、市）调查年份不完全一致。如第4～7次清查，吉林、上海、浙江、安徽、湖南、湖北和陕西调查年份分别为1989、1994、1999和2004年，山西、辽宁、黑龙江、江苏、广西、贵州、宁夏调查年份分别为1990、1995、2000和2005年，北京、河北、江西、甘肃、新疆调查年份分别为1991、1996、2001和2006年，天津、山东、广东、四川和云南调查年份分别为1992、1997、2002和2007年，内蒙古、福建、河南、海南、青海调查年份分别为1993、1998、2003和2008年，西藏为1991年和1998年。因此，森林资源清查的结果反映的是清查期总体森林面积和蓄积情况。

为此，我们以省为单位，根据每个省实际调查年份及间隔期，采用相邻两次内查的方法，计算每个年度各省各类森林资源数据，再汇总得到全国的数据。

由于从第5次森林资源清查开始，采用的森林郁闭度标准从原来的30%下调到20%，为保证历史数据的可比性，利用1989—1993年清查期两种郁闭度标准下各省各类面积和蓄积数据，拟合得到两种郁闭度下的有林地面积、林分面积和蓄积的相关关系，从而将所有森林资源数据转换到20%的郁闭度标准。

新标准的经济林和竹林面积则根据新的有林地面积、林分面积及原有面积所占比例计算。疏林、散生木和四旁树蓄积则根据总蓄积与新的林分蓄积计算。

2. 碳储量及其变化计算方法

本次计算的碳储量包括20世纪80年代以来的林分、竹林、经济林、疏林以及散生木和四旁树生物质碳储量及其变化，分别不同省区、不同树种和五个年龄级进行计算，各龄级、树种和省区之和为全国的生物质碳储量。林分和疏林、散生木及四旁树生物质碳储量通过蓄积量直接转化而来。各年经济林和竹林生物质碳储量根据各省市区经济林和竹林面积、单位面积生物量和含碳率计算，其中竹林分别用毛竹和其他竹类计算。由于缺乏第七次森林资源清查分省分树种的数据，因此最近一次的森林碳储量按全国平均参数计算。

3. 计算参数

全面收集了截至2006年底我国公开发表的有关森林生物量和碳含量的研究文献600余篇，获得约2500生物量和蓄积量数据，据此统计计算获得不同树种、不同龄级的蓄积量到生物质碳储量的转换系数。部分树种组数据量较小，不能分别龄级计算相应的参数，采用各龄级的平均值。毛竹林和其他竹类平均生物量分别为159.86t/hm^{2}和95.36t/hm^2，含碳率分别为0.5和0.45，如图2-3所示。

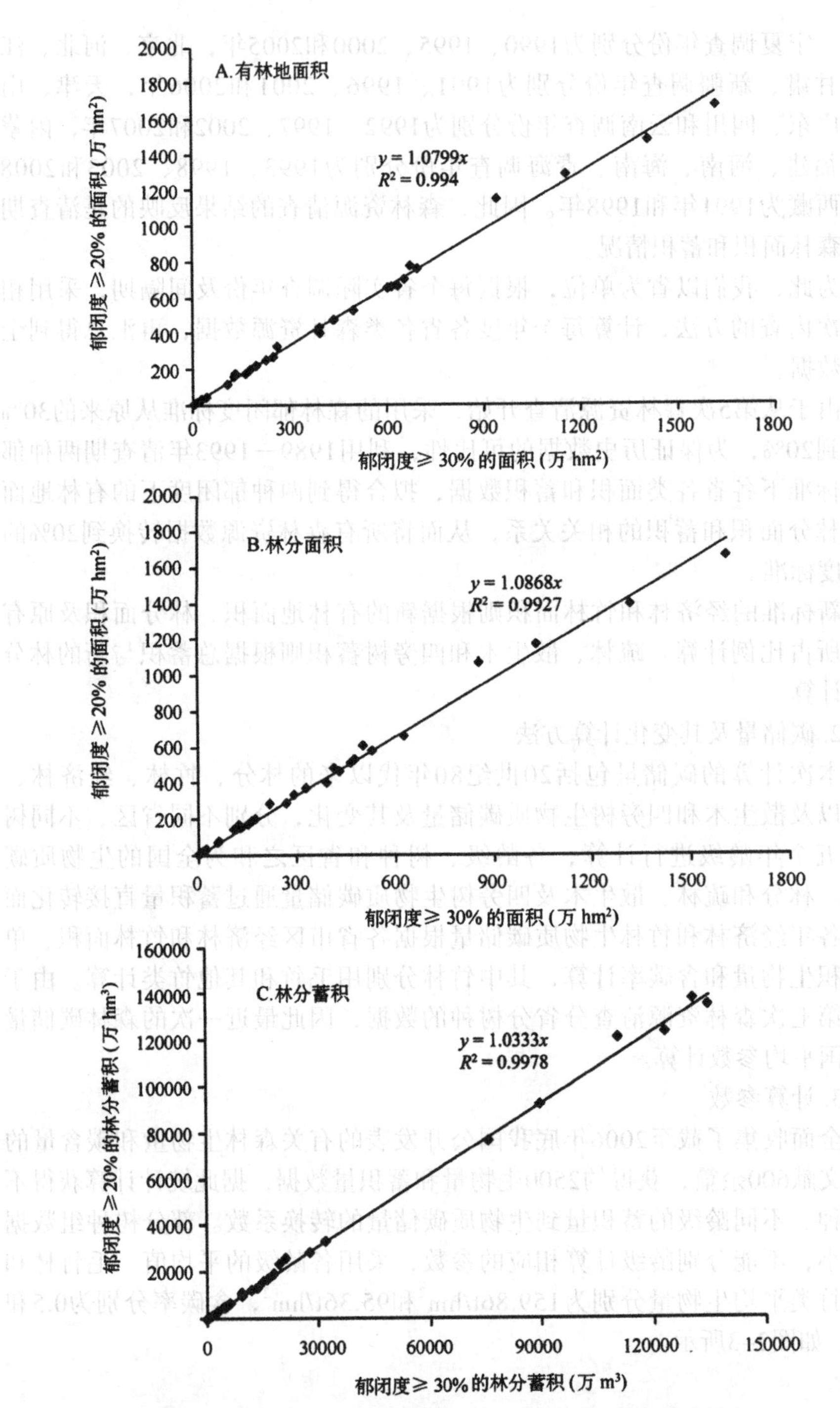

图2-3　两种郁闭度有林地面积、林分面积和蓄积相关关系

（三）结果分析

我国有林地生物质碳储量约64.6亿tC，其中林分57.5亿tC，竹林3.7亿tC，经济林3.4亿tC。林分碳储量在20世纪80年代以前呈下降趋势，下降了21.6%。80年代开始缓慢增加，到90年代和21世纪初迅速增加，1981—2008年间林分生物质碳储量增加了64%，如图2-4所示。经济林和竹林生物质碳储量一直呈增加趋势，但由于总量较小，对有林地碳储量的变化影响不大。

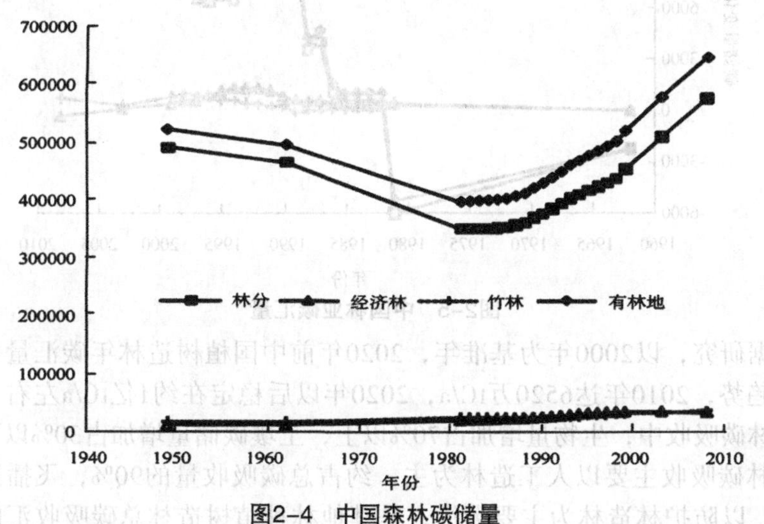

图2-4　中国森林碳储量

目前有林地年生物质碳汇量约为1.35亿tC/a，其中林分年净吸收1.31亿tC/a，竹林吸收中50年代约为2200万tC/a，60~70年代为5200万tC/a。80年代开始为净碳吸收，其中80年代中前期为1500－1700万tC/a，80年代中后期约4500万tC/a，80年代末到90年代后期约为8000万到1亿tC/a。90年代末至21世纪初森林碳汇迅速增加，最高达1.83亿tC/a，近几年有所下降，如图2-5所示。

森林土壤碳储量变化具有很大的不确定性，个别估计值在20世纪80~90年代介于400～1170万tC/a，相对生物质碳储量变化而言，森林土壤碳储量变化较小。

根据研究，我国木产品碳储量一直呈增长趋势，且增加速率越来越快。1980、1990、2000和2003年木产品碳储量分别为0.86亿tC、1.25亿tC、2.03亿tC和2.35亿tC，预计2020年可达6.14亿tC。1900—1960、1961—1990和1991—2003年碳储量年均增加分别为72万tC/a、269万tC/a和848万tC/a，预计2003—2020年碳储量年均增加2232万tC/a。

因此，如果加上森林土壤碳和木产品中的碳储量变化，我国森林年碳汇量可增加约2000万tC。

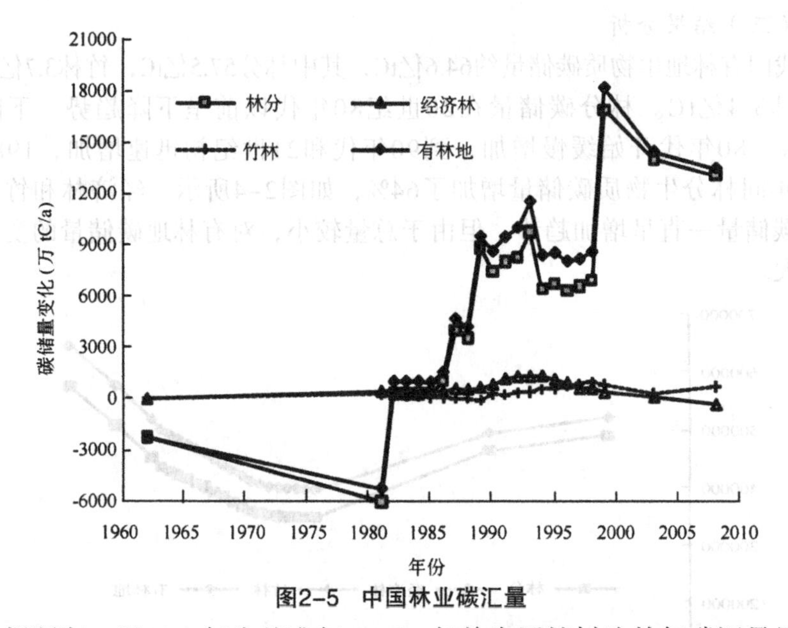

图2-5　中国林业碳汇量

据研究，以2000年为基准年，2020年前中国植树造林年碳汇量呈迅速增加趋势，2010年达6520万tC/a，2020年以后稳定在约1亿tC/a左右。在植树造林碳吸收中，生物量增加占70%以上，土壤碳储量增加占30%以下。植树造林碳吸收主要以人工造林为主，约占总碳吸收量的90%，飞播造林占10%。以防护林造林为主要碳汇，是其他林种植树造林总碳吸收汇的近两倍，其次为用材林、经济林、竹林和薪炭林造林。

二、不同林区

中国的林区主要有东北内蒙古林区、西南高山林区、东南低山丘陵林区、西北高山林区和热带林区五大林区。东北内蒙古林区地处黑龙江、吉林和内蒙古3省区，森林集中连片，主要以国有森工企业局和国有林场为主，包括大兴安岭、小兴安岭、完达山、张广才岭和长白山等山系，总面积6077.93万hm^2占国土面积的6.33%。森林面积3590万hm^2，占全国的23.1%，森林蓄积32.13亿m^3，占全国的24%。

西南高山林区包括云南、四川高山以及西藏全区范围，森林集中连片，分布有国有森工企业局，总面积18901.26万hm^2，占国土面积的19.68%。森林面积4348万hm^2，占全国的27.9%，森林蓄积50.9亿m^3，占全国的38.1%。

东南低山丘陵林区涉及云南以东、秦岭以南，人工林资源比较丰富、森林集中连片、以集体林为主的低山丘陵区域，共12个省区552个县市区，总面积11122.18万hm^2，占国土面积的11.58%。森林面积5781万hm^2，占全国的37.2%。森林蓄积25.7亿m^3，占全国的19.2%。

西北高山林区主要是由新疆天山、阿尔泰山，甘肃白龙江、洮河、小陇山、祁连山、子午岭、关山、康南、大夏河、马衔山，陕西秦岭、巴山等林业局或林场组成的区域，总面积1300.15万hm^2，占国土总面积的1.35%。森林面积509万hm^2，占全国的3.3%，森林蓄积5.3亿m^3，占全国的4.0%。

热带林区则是根据《中国植被》区划系统中的热带季雨林、雨林植被确定区域范围，包括云南、广西、广东、海南和西藏等省区的部分地区，总面积2648.51万hm^2，占国土总面积的2.76%。森林面积1180万hm^2，占全国的7.7%，森林蓄积8.6亿m^3，占全国的7.0%。

这五大林区的土地面积占全国国土面积的40.7%，森林面积和蓄积占全国的90%以上。林分生物质碳储量达51.5亿tC，约占全国林分碳储量的90%，其中以西南高山林区最高，达19.6亿tC，其次分别为东北内蒙古林区14.4tC，东南低山丘陵林区10.7tC，西北高山林区和热带林区相对较小，分别占五大林区碳储量的38.0%、28.0%、20.8%、4.4%和8.0%。

20世纪90年代，五大林区林分年碳储量变化约6500万tC，占全国林分碳储量变化的56%。21世纪五大林区林分年碳储量变化约6900万tC，占全国林分碳储量变化的46%。虽然东南低山丘陵林区碳储量仅占五大林区的1/5，但其碳储量变化最大，20世纪90年代和本世纪初分别占五大林区碳储量变化的41%和60%左右。西南高山林区碳储量占五大林区的38%，碳储量变化占五大林区碳储量变化的29%左右。东北内蒙古林区碳储量占五大林区的28%，但碳储量变化仅占8%左右。说明我国东南低山丘陵林区和西南高山林区是森林碳汇的主要林区。

三、疏林、散生木和四旁树

目前我国疏林、散生木和四旁树生物质碳储量约5200万tC，约占有林地生物质碳储量的8.1%。20世纪90年代以前，我国疏林、散生木和四旁树生物质碳储量一直呈增加趋势，其中50年代年均增加103万tC/a，60~70年代年均增加1170万tC/a，80年代到90年代初年均增加1500万tC/a，90年代初期至21世纪初呈降低趋势，为碳排放源，碳储量年平均减少约685万tC/a。近年来有小幅增加，碳储量年均增加267万tC/a，如图2–6所示。

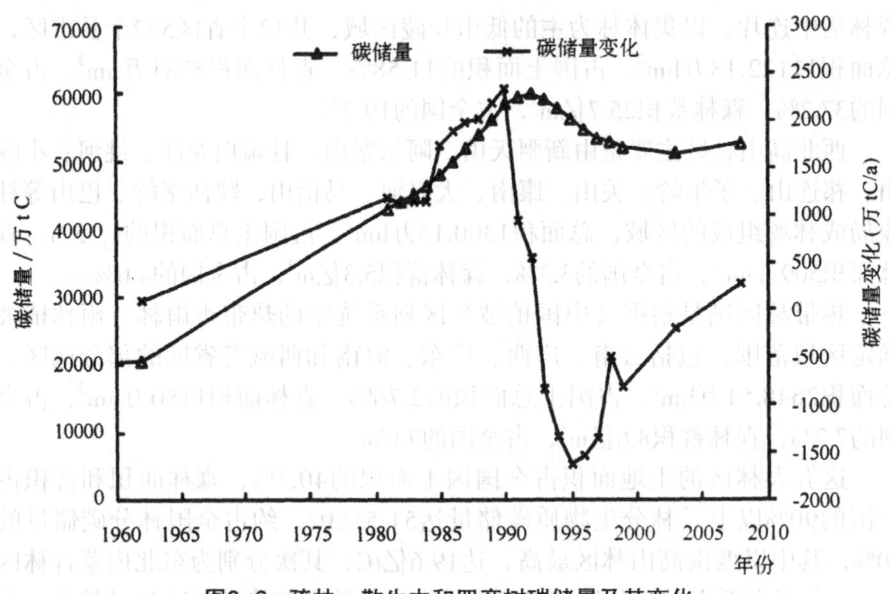

图2-6 疏林、散生木和四旁树碳储量及其变化

四、灌木林

由于自第五次森林资源清查以来，我国灌木林的定义发生了变化，为此根据第四次资源清查各省市区调整前后的灌木林面积，拟合得到新旧标准灌木林面积的关系如图2-7所示。据此将过去30年来灌木林面积统一到新的标准下进行计算：根据对10余篇灌木林生物量研究数据，我国灌木林平均生物量为18.3 ± 1.2t/hm^2（n=153），由此计算灌木林生物质碳储量。过去30年来，由于灌木林面积的持续增加，我国灌木林碳储量也呈增加趋势，灌木林生物质碳储量由20世纪初的2.4亿tC左右增加到目前的4.8亿tC，年均碳储量变化在80年代为100万tC左右，90年代为1000万tC左右，21世纪初大幅增加，约为1500 ~ 2000万tC，如图2-8所示。

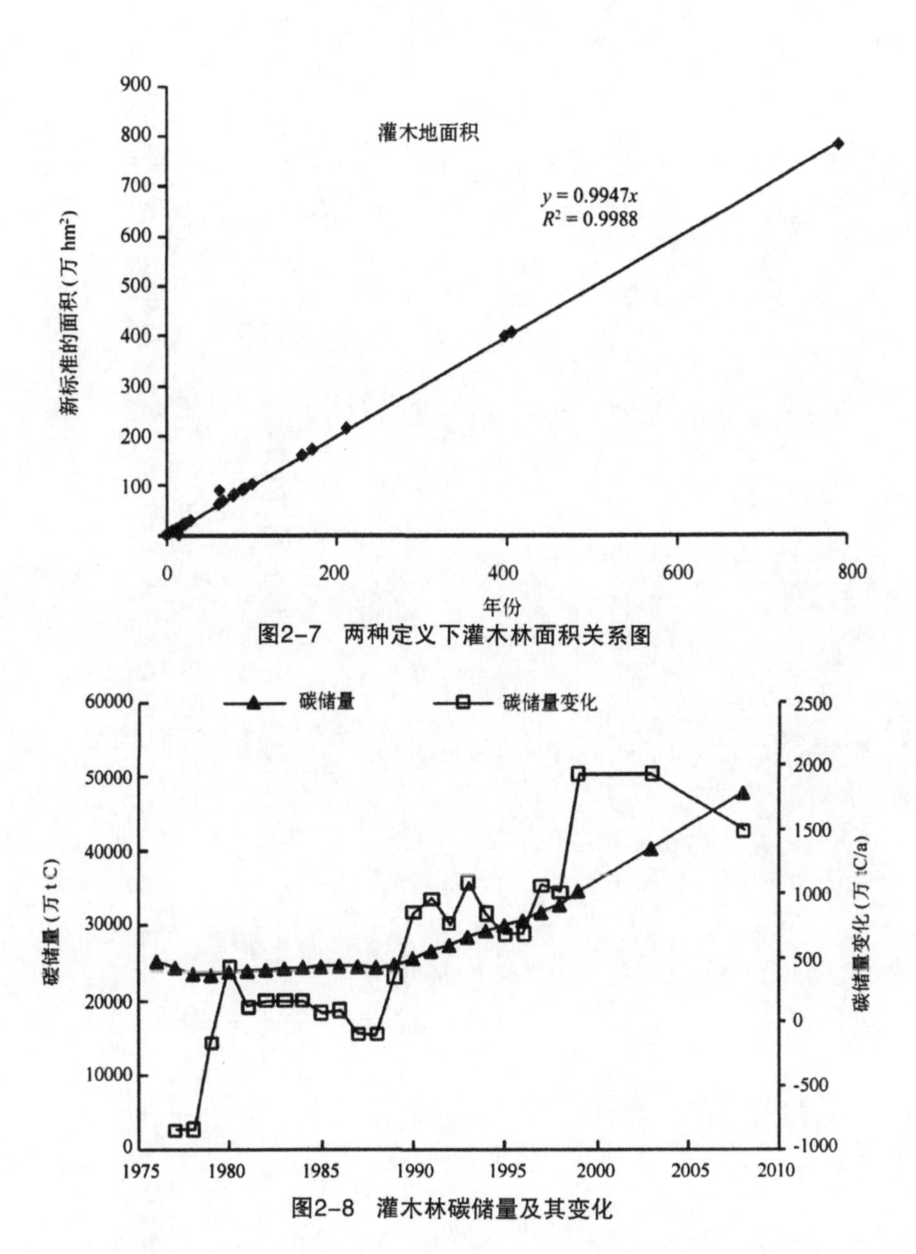

图2-7　两种定义下灌木林面积关系图

图2-8　灌木林碳储量及其变化

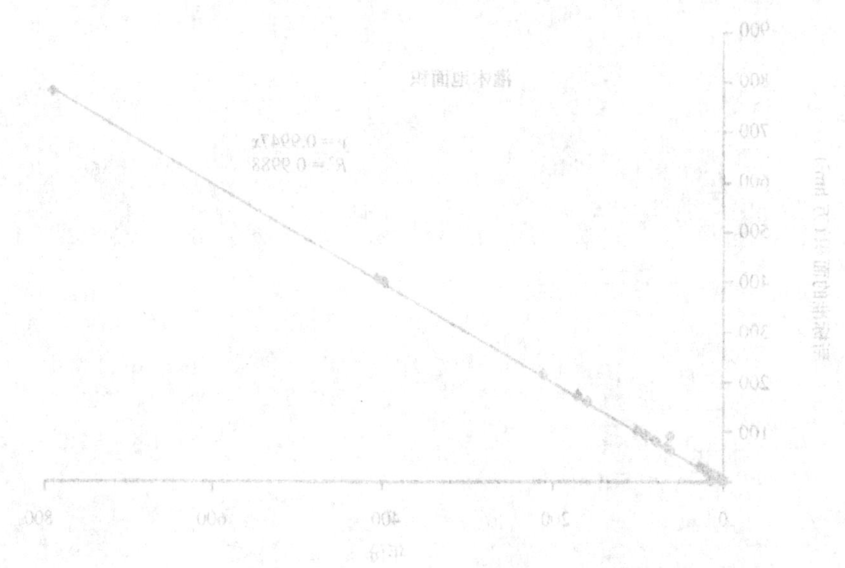

图2-7 两种定义下灌木林面积关系图

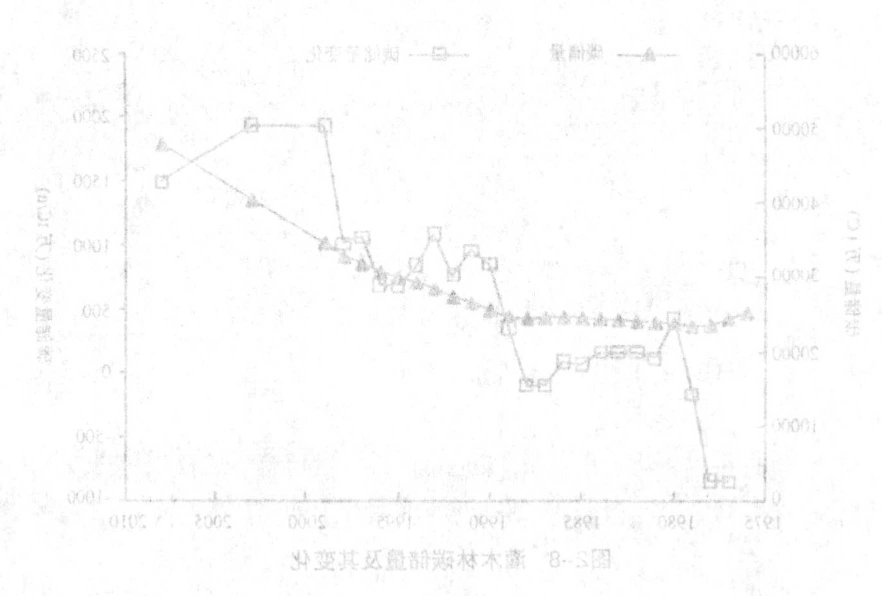

图2-8 灌木林碳储量及其变化

第三章
国内外碳市场与林业碳汇交易

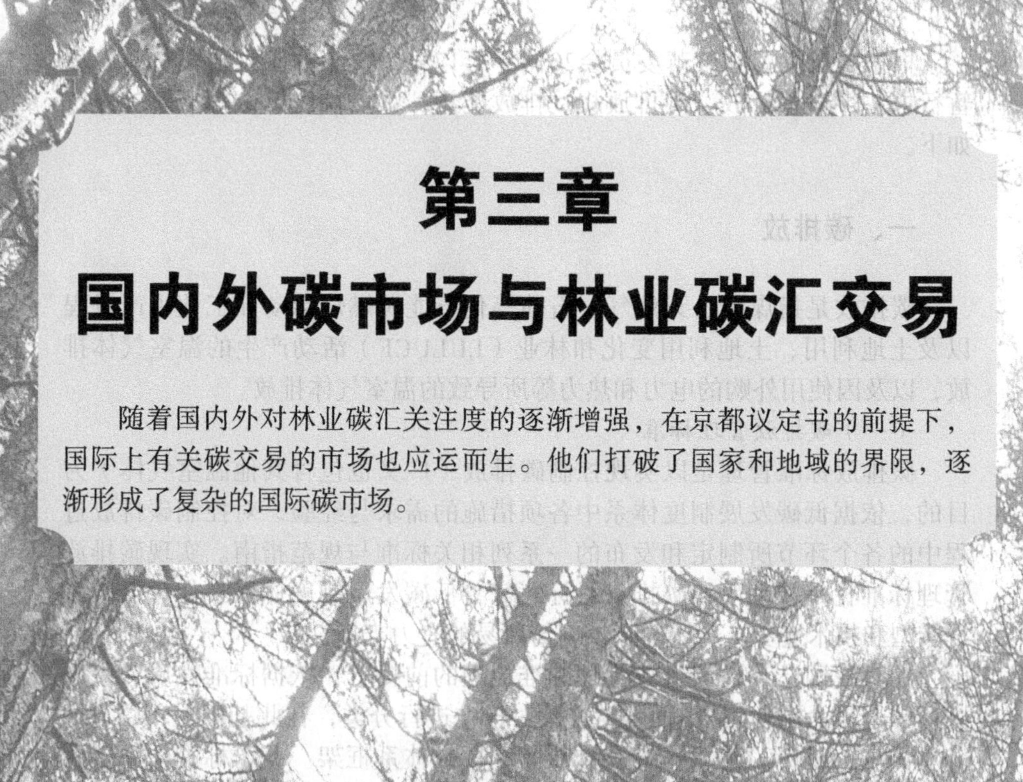

随着国内外对林业碳汇关注度的逐渐增强，在京都议定书的前提下，国际上有关碳交易的市场也应运而生。他们打破了国家和地域的界限，逐渐形成了复杂的国际碳市场。

第一节　碳排放、碳排放权、排放配额、重点排放单位

根据国家发展和改革委员会2014年第17号令发布的碳排放权交易管理暂行方法，对碳排放、碳排放权、排放配额、重点排放单位等概念的界定如下。

一、碳排放

碳排放是指煤炭、天然气、石油等化石能源燃烧活动和工业生产过程以及土地利用、土地利用变化和林业（LULUCF）活动产生的温室气体排放，以及因使用外购的电力和热力等所导致的温室气体排放。

（一）碳排放管理标准

碳排放标准管理是以实现控制碳排放（广义也包含其他温室气体）为目的，依据低碳发展制度体系中各项措施的需求与经验，对控制碳排放过程中的各个环节所制定和发布的一系列相关标准与规范指南。实现碳排放管理标准化是推动落实碳排放目标、完善低碳发展制度体系、促进低碳经济转型和技术进步、开展国际谈判与贸易的有力支撑。

在对我国已存在碳排放管理标准梳理的前提下，依据标准性质、应用主体和全生命周期阶段3种分类方法对标准进行分类，在此基础上，以每种分类方法为坐标，建立三维碳排放管理标准体系框架。基于标准体系现状的梳理，发现现阶段我国以核算/评价类标准为主，基准值和先进值相关标准缺失较多。根据上述三维标准体系框架，提出了下一阶段需建立的44类标准项目。

（二）碳排放管理原则

在完善碳排放管理标准体系过程中，应遵循三项原则：①应结合不同行业和部门的碳排放特征，有针对性地制定不同的标准类型；②应依据标准的实施目的，分类衔接国际标准；③应结合碳排放控制工作部署，分步骤开展标准研究、制订与修订工作。

二、碳排放权

碳排放权是指依法取得的向大气排放温室气体的权利。

为推动全国碳排放权交易市场的建设和运行，我国将加快建立全国碳排放权交易制度，包括出台《碳排放权交易管理条例》及有关实施细则，各地区、各部门根据职能分工制定有关配套管理办法，完善碳排放权交易法规体系。建立碳排放权交易市场国家和地方两级管理体制，将有关工作责任落实至地市级人民政府，完善部门协作机制，各地区、各部门和中央企业集团根据职责制定具体工作实施方案，明确责任目标，落实专项资金，建立专职工作队伍，完善工作体系。制定覆盖石化、化工、建材、钢铁、有色、造纸、电力和航空等8个工业行业中年能耗1万t标准煤以上企业的碳排放权总量设定与配额分配方案，实施碳排放配额管控制度。同时，对重点汽车生产企业实行基于新能源汽车生产责任的碳排放配额管理。

与此同时，为强化全国碳排放权交易基础支撑能力，我国将建设全国碳排放权交易注册登记系统及灾备系统，建立长效、稳定的注册登记系统管理机制。构建国家、地方、企业三级温室气体排放核算、报告与核查工作体系，建设重点企业温室气体排放数据报送系统。整合多方资源培养壮大碳交易专业技术支撑队伍，编制统一培训教材，建立考核评估制度，构建专业咨询服务平台，鼓励有条件的省（区、市）建立全国碳排放权交易能力培训中心。组织条件成熟的地区、行业、企业开展碳排放权交易试点示范，推进相关国际合作。持续开展碳排放权交易重大问题跟踪研究。

三、排放配额

排放配额是政府分配给重点排放单位指定时期内的碳排放额度，是碳排放权的凭证和载体。1单位配额相当于1吨二氧化碳当量。

我国在现有碳排放权交易试点交易机构和温室气体自愿减排交易机构基础上，根据碳排放权交易工作需求统筹确立全国交易机构网络布局，各地区根据国家确定的配额分配方案对本行政区域内重点排放企业开展配额分配。推动区域性碳排放权交易体系向全国碳排放权交易市场顺利过渡，建立碳排放配额市场调节和抵消机制，建立严格的市场风险预警与防控机制，逐步健全交易规则，增加交易品种，探索多元化交易模式，完善企业上线交易条件，在2017年的时候正式启动全国碳排放权交易市场。力争到2020年建成制度完善、交易活跃、监管严格、公开透明的全国碳排放权交易市场，实现稳定、健康、持续发展。

四、重点排放单位

重点排放单位是指满足国务院碳交易主管部门确定的纳入碳排放权交易标准且具有独立法人资格的温室气体排放单位。

第二节 国际碳交易市场

自2005年2月16日京都议定书正式生效以来，为降低减排成本、实现全球温室气体减排目标，按照京都议定书和相关规则的要求，交易的买卖双方（有时有中介），在市场上相互买卖碳排放配额或项目级的碳减排量，从而形成了碳市场。由于碳信用的交易行为超出了国家界限和区域界限，扩展到了世界范围，在欧美等发达国家和地区形成了一些强制性或自愿性的碳排放权交易体系，由此形成了内容繁多、交易复杂的国际碳市场。

国际碳市场可简单分为两类：一类是管制或京都市场，其按国际法规定运行，主要是配额交易和项目级的抵消机制，如欧盟排放贸易体系、清洁发展机制等；另一类是非京都或自愿市场。该市场有两种类型：一是基于国家内部法律运行，如美国芝加哥气候交易所、澳大利亚新南威尔士交易体系等；另一类无立法背景，主要是基于公益目的企业和公众自愿购买，以体现企业社会责任和公众减排意识，多为项目级的交易。

一、京都市场

京都市场主要包括基于遵循公约及京都议定书一系列规则的京都市场和基于国家或区域性规定而建立的交易市场，如欧盟排放贸易计划（EUETS）等。根据京都议定书的规定，发达国家履行温室气体减排义务时可以采取3种在“境外减排”的灵活机制。其一是联合履约（JI），指发达国家之间通过项目的合作，转让其取得的减排量；其二是排放贸易（ET），发达国家将其超额完成的减排指标，以贸易方式（而不是项目合作的方式）直接转让给另外一个未能完成减排义务的发达国家；其三是清洁发展机制（CDM），指发达国家提供资金和技术，与发展中国家开展项目合作，产生“核证减排量”（CER），大幅度降低其在国内实现减排所需的费用。

以欧盟排放贸易计划为例，该计划是为了帮助欧盟成员国完成京都议定书规定的减限排指标以及为公司和政府提供碳交易的经验。该计划包括25个欧盟国家和数千家公司。欧盟排放贸易计划创立之初的主要目的是为了便于欧洲国家完成京都议定书规定的目标，引导欧盟各国和公司熟悉碳市场的建立、发展、运行，并指导他们进行碳交易。该计划在参考历史因素和其他一些参数的基础上，通过温室气体允许减排量，建立了一个强制性的二氧化碳减限排贸易体系。欧盟排放贸易计划于2005年1月1日正式实施，是目前为止最大的碳交易体系，是唯一跨国、跨行业的区域性温室气体排放权交易市场。

二、非京都市场

相对于为完成京都议定书的减排规定形成的京都市场，非京都市场中交易是以“自愿”为基础的，它是全球碳市场的一个重要组成部分。非京都市场的需求主要来自于各类机构、企业和个人的自发减排意愿，这种意愿不具有任何强制性。非京都市场基于自愿的配额市场，排放企业自愿参与，共同协商认定并承诺遵守减排目标，承担有法律约束力的减排责任，如英国排放贸易计划、芝加哥气候交易所。碳交易基于各类机构和个人减排意愿开发的项目，内容比较丰富，近年来不断有新的计划和系统出现，主要是自愿减排量（VER）的交易。同时很多非政府组织从环境保护与气候变化的角度出发，开发了很多自愿减排碳交易产品，比如农林减排体系（VIVO）计划，主要关注在发展中国家造林与环境保护项目；气候、社区和生物多样性联盟（CCBA）开发的项目设计标准（CCB），以及由气候组织、世界经济论坛和国际排放贸易协会（IETA）联合发起的温室气体核证碳减排标准（Verified Carbon Standard，VCS）也具有类似性。非京都碳市场的减排量交易活动需遵循经认可的标准实施，其中比较活跃的标准主要有黄金标准（Gold Standard）、核证碳减排标准（VCS），我国国内有中国绿色碳汇基金会（CGCF）标准等。

以英国排放贸易计划（The UK Emissions Trading Scheme，UKETS）为例，该计划是英国政府应对气候变化制定的战略——气候变化协议的一个组成部分，涉及众多部门，其目的是建立一个自愿的减少碳排放的交易机制，确保以有效成本方式减排温室气体，给予英国公司早期排放贸易经验，同时向欧盟排放贸易计划提供合理经验等。目前参加者包括大约6000家工业组织。参加者自愿承诺将其活动排放限制在低于基准年的一定数量，可通过自身减排，也可通过购买排放指标完成其自愿减排承诺。对实现减排承诺的企业，将获得80%的气候变化税折扣，但如不能实现减排目标，则得不到折扣。该计划作为英国温室气体减排项目的系列措施之一，于2002年正式启动。

第三节 国内碳交易市场

一、国内碳交易市场

国内碳市场目前以7省（市）碳交易试点为主：碳交易的品种主要是排放配额和中国家核证自愿减排量（CCER）。此外，还有企业、组织和机构为履行社会责任而购买的VCS项目减排量，以及通过向中国绿色碳汇基金会（CGCF）捐资实施的林业碳汇项目减排量等。

（一）国内碳交易市场的政策支持

自2011年以来，国家发展改革委为落实“十二五”（2011—2015年）规划关于逐步建立国内碳排放权交易市场的要求，相继批准在深圳、北京、上海、天津、广东、湖北、重庆建立了7个碳交易市场。交易的标的主要是试点省（市）为纳入交易的控排企业免费发放的排放配额和少量国家核证自愿减排量（CCER）。核证减排量的产生有特殊要求：必须按照国家发展改革委温室气体自愿减排交易管理暂行办法规定的要求，采用经国家发展改革委气候司批准备案的方法学开发的温室气体减排项目和已注册的CDM项目，方可申请备案成为中国自愿减排（CCER）项目，用于核证减排量的交易。

2014年9月，国家发展改革委发布了国家应对气候变化规划（2014—2020年），明确提出将继续深化碳排放交易试点，加快建立全国碳排放交易市场。2015年8月，国家发展改革委气候司组织起草了全国碳排放权交易管理条例（草案），将在广泛征求意见后提交国务院审议，为我国2016年全国碳排放交易市场的全面启动奠定基础。

国家发展改革委发布的与碳交易有关的文件包括以下几个方面。

（1）清洁发展机制项目运行管理办法（发展改革委令2011年第11号）。

（2）温室气体自愿减排交易管理暂行办法（发改气候[2012] 1668号）。

（3）温室气体自愿减排项目审定与核证指南（发改办气候 [2012] 2862 号）。

（4）碳排放权交易管理暂行办法（发展改革委令2011年第17号）。

（5）国家应对气候变化规划（2014—2020年）（发改气候[2014]2347号）。

2015年是7个省（市）试点碳市场全部启动后的首个履约年，也是CCER项目入市交易和参与履约的元年。目前，除重庆外，其他6个试点已完成履约。截止到2015年7月16日，7个试点地区二级市场配额累计成交量超过3800万吨，累计成交额超过11亿元，其中，CCER累计成交量约885万t。

（二）我国构建碳交易市场的思路

气候变化已成为当前威胁人类社会可持续发展的最重要因素之一，控制温室气体排放以应对气候变化，成为当今世界各国的共同使命。从1997年的《京都议定书》到2011年的《德班协议》，国际社会为限制温室气体排放进行着积极的探索与尝试，其中以购买林业碳汇信用抵消工业碳排放的履约方式，伴随着国际气候谈判进程的不断深入，已成为国际社会所普遍认可和接受的方式之一，林业碳汇交易也随之日益蓬勃发展起来。

面对林业碳汇交易的全新机遇，如何充分发掘国内林业碳汇交易市场潜力，构建基于我国国情和不同区域社会经济发展现状的国家与地方林业碳汇交易体系，在规范交易规则、步骤与流程，确保与国际接轨的同时，逐渐提高国内林业碳汇交易市场交易量，并最终确立中国在国际林业碳汇交易市场中的地位已成为当前的迫切需求。北京作为我国首都，研究符合北京市区位条件的林业碳汇交易体系建设模式与途径，对国家林业碳汇交易体系构建方面具有重要的引领与示范作用，应予以高度重视和大胆尝试。

1. 国内外林业碳汇交易市场体系建设发展现状

国际和国内的发展现状分别是：

（1）国际林业碳汇交易市场体系的发展。国际林业碳汇交易始于1992年联合国环境与发展大会签署的《联合国气候变化框架公约》（UNFCCC）。自1997年联合国气候变化框架公约第三次缔约国大会签署了《京都议定书》以来，林业碳汇交易快步、稳健发展。《京都议定书》的生效，以及后续国际气候谈判中《巴厘岛路线图》《哥本哈根协议》《坎昆协议》《德班协议》的形成与签署，进一步明确了造林再造林（CDM）、减少毁林和林地退化、加强森林保护和森林可持续管理、扩大森林面积以增加林业碳汇（REDD++）在应对气候变化中的地位与作用，使国际林业碳汇的交易和市场化水平发展更加迅猛，保证林业碳汇交易顺利进行的交易体系也逐渐形成。

当前的国际林业碳汇交易市场主要包括强制交易市场和志愿交易市场两大类型，具体可细分如下。

强制市场：京都市场，包括清洁发展机制（CDM）下的准许市场和项目市场：（欧盟排放贸易计划），欧盟范围内帮助欧盟各国实现京都目标的试验性计划，允许清洁发展机制（CDM）项目下的林业碳汇信用额进入市场；新南威尔士温室气体减排计划（GGAS），在澳大利亚，由南威尔士州管理.是目前国际上比较成功的地方性碳交易体系。

志愿市场：英国排放贸易计划（UK ETS），企业可以参与其中并从中获利的志愿市场模式；芝加哥气候交易所（CCX），美国的一项基于自愿交易计划的市场体系；日本自愿碳排放交易计划（JVETS），用以整合并建立一个国内碳抵消体系和面向小排放者的自愿排放交易体系；零售市场，基本包括所有不用于减排承诺和交易的小型减排增汇项目。

在交易量方面，国际市场的林业碳汇交易总量从2002年的不到500万t增加至2010年的近3000万t，而交易额从2002年的不足0.2亿美元增长到2010年的1.7多亿美元。2010年全球造林再造林、森林管理、减少毁林和森林退化、农林间作等活动产生的林业碳汇在自愿市场交易总量中的比重占到了40%，超过了其他各类型碳交易量，甚至包括工业减排，并呈现出继续增长的趋势。

（2）国内林业碳汇交易市场体系的发展。目前，国家林业局和国家发展改革委已分别成立了林业碳汇与CDM林业碳汇项目的专门管理机构——“国家林业局气候办”和“国家发改委CDM管理中心”，具备了“中国林权交易所”“华东林权交易所”“南方材权交易所”等多家林业碳汇专门交易平台。研究、制定和发布了我国林业碳汇生产、计量监测、核查认证与交易的相关技术标准与规则，理顺了交易流程，规范了林业碳汇交易合同管理、项目设计书编制、佣金管理、交易所资金结算、纠纷调解、账户托管等交易工作的管理规则。我国的林业碳汇交易标准和规则体系已初步构建。

在林业碳汇交易实践方面，我国已成功注册和运作了“广西珠江流域治理再造林项目”等3项国内CDM林业碳汇造林再造林项目。2011年11月，我国首个林业碳汇交易试点经国家林业局批准，由中国绿色碳汇基金会与华东林业产权交易所合作在浙江义乌启动，全国包括北京市房山区中石油碳汇造林项目在内的7个项目所生产的14.8万t林业碳汇量，被阿里巴巴、歌山建设等10家企业签约认购。

2. 建设林业碳汇交易市场体系的必要性

就国家层面来说，中国作为最大的发展中国家，虽然目前并没有承担强制减排的义务，但是，本着对环境负责任的原则，我国政府向国际社会承诺了“到2020年全国单位国内生产总值二氧化碳排放比2005年下降40%～45%”的阶段性减排目标，并作为约束性指标纳入了国民经济和社会发展中长期计划中。但也应该看到，由于我国仍然是一个发展中国家，当前的首要发展目标依然是摆脱贫困、提高人民生活水平。也就是说在目前及未来相当长的一段时间内，国家的碳排放增量依然会保持在一个较高的水平。要平衡社会经济发展与应对气候变化之间的关系，我国必须积极发展林业碳汇，提高森林生态系统的固碳能力，以扩大我国未来的碳排放权空间，为社会经济的发展创造条件。

碳交易在我国还仅仅处于起步阶段。2011年11月9日，国务院通过了《“十二五”控制温室气体排放工作方案》，把北京列入首批碳排放交易试点省市之一。北京市于2011年4月发布的《北京市“十二五”时期节能降耗与应对气候变化综合性工作方案》明确了北京碳交易机制的试点与推行各项政策要求。而林业碳汇交易作为促进林业可持续发展的有效途径和内在动力，其交易体系的构建被纳入了国家碳排放交易体系当中，这是国家对林业碳汇交易从政策上给予的有力支持。从目前实践中看，林业碳汇交易市场发育还很不完善，交易基本是对外输出林业碳汇资源，并且靠国家、地方林业管理部门或是政府来牵头实现，行政干预的力度较大，企业可选择的交易对象范围窄，交易价格不够透明，可比较性差，交易成本高，没有真正体现出市场的价值和作用。因此，为了实现高效率的林业碳汇交易，迫切需要建立完善的林业碳汇交易市场体系。就北京而言，率先开展林业碳汇交易体系建设模式与途径的区域试点，不仅是落实国家和北京市“十二五”时期相关工作方案目标的要求，更重要的是实现园林绿化生态效益货币化，丰富生态公益林生态效益促进发展机制内涵，加快城乡统筹，实现园林绿化可持续发展的迫切需要。

3. 建设林业碳汇交易市场体系的现有条件

碳汇市场体系现有的条件有：

（1）政策支持。政府陆续出台的政策、规划与发展方案中均提出要“加强环境交易所、林权交易所为基础的金融服务要素市场建设。积极推进林业碳汇相关交易试点研究”。《国家发改委关于开展碳排放权交易试点工作的通知》中要求北京等7省市于2011年起，开展碳排放权交易试点工作。

（2）机构完善。以北京为例，目前已在全国率先成立了林业碳汇的专门政府管理机构“北京市林业碳汇工作办公室”；筹建了林业碳汇的民间公益基金“北京林业碳汇基金”；具备了林业碳汇的专门交易平台“中国林权交易所”和“北京环境交易所”。

4. 林业碳汇交易市场体系建设尚需解决的问题

市场体系里需要解决的问题有：

（1）缺乏强制政策与法规支持。目前，国内尚无排放企业购汇抵排相关强制政策与立法，仅仅依靠企业社会责任感，通过自愿购买林业碳汇履行社会责任的形式，其资金数量的可持续性都没有一个良好的保障，远远不能满足林业碳汇交易市场运转的动力需求。同时在林业碳汇交易市场体系构建的初期，需要政府必要的政策与启动资金支持。

（2）相关市场体系构成要素不足。由于林业碳汇交易市场的建立是一个创新性的系统工程，在进行试点示范时，必须要政府部门和相关市场机构的协同配合。就北京市而言，目前的林业碳汇项目注册平台尚未构建，第一方的项目审定、计量监测与核查认证机构也需要进一步明确。

（3）计量监测的方法学有待统一。由于我国森林资源分布的不均匀性，其开展的林业碳汇项目森林增汇经营类项目将占多数，而此类项目的林业碳汇计量监测方法学仍是行业的难点，必须尽快统一标准，并在项目执行过程中切实履行，使森林的碳汇功能得到准确的评估，同时有效降低计量监测成本，从技术层面上保证林业碳汇市场的成功开发。

5. 林业碳汇交易市场体系建设的构想

为了探索适合国内林业碳汇交易的途径和方法，试点单位在交易试点阶段，该地区的碳排放交易市场应具有内部统一性，交易都应在该市场内完成。同时，由于该市场是一个跨部门的综合性机制，这就需要市发改委、市园林绿化局、市财政局等有关政府部门及相关交易所等机构的充分协调，相互配合，共同推进。林业碳汇交易商品的价格应由市场供求关系来决定，但是林业碳汇交易市场的管理与运营则应由政府主管部门来执行。另外需要充分考虑交易主体的规范化，以及市场运行保障机制的设计，最终构建一个高效的林业碳汇市场。

（1）准入条件与基本原则。①开展的林业碳汇交易项目应符合国家和北京地区的相关法律法规、可持续发展战略、政策以及国民经济和社会发展规划的总体要求；②开展林业碳汇交易的项目范围应是以增加地区森林绿地数量、提高林地绿地林业碳汇功能、减少毁林或森林退化引起的碳排放为主，兼顾区域生态环境的改善和缓解区域贫困等生态、社会效益的人为项目活动产生的林业碳信用；③开展林业碳汇交易的项目应符合林业碳汇交易市场交易规则的要求，遵循自愿平等、诚实信用、公平、公开、公正、择优的原则，不得侵犯他人的合法权益和损害公共利益；④参与交易者应该是国内合法的企业或个人，交易当事人的合法权益受法律保护。

（2）市场交易模式。结合国内外林业碳汇交易现状及经济社会发展实际，应实施“两步走”的林业碳汇交易战略：近期实施全市范围内的自愿林业碳汇交易市场，条件成熟后逐步开展强制性林业碳汇交易市场。

1）自愿林业碳汇交易市场。自愿林业碳汇交易市场是企业（或其他社会团体及个人）从非营利目标出发（如企业、团体或个人的社会责任、品牌建设、社会效益等）自愿进行林业碳汇信用交易以实现其购汇抵排目标的一种市场模式。其参与林业碳汇交易的主体是因“自愿”的动机聚集在一起的，自主确定交易额度，并到林业碳汇交易市场购买林业碳汇信用的行为。

2）强制性林业碳汇交易市场。强制性林业碳汇交易市场主要以政府强制力为主导，受到相关强制性购汇抵排政策或法律法规的约束，排碳主体根据约束条件，其实际排放量大于分配到的排放许可量的部分，必须按一定比例或有选择性地（具体方式需根据陆续出台的相关强制政策法规的要求加以确定）通过参与林业碳汇交易购买碳信用的形式抵消自身碳排放的市场模式。

（3）市场交易的要素。

1）管理机构。试点地区林业碳汇工作办公室是该地区林业碳汇项目及交易活动的主管机构，全面负责对北京市林业碳汇项目和交易活动的监管。其职责包括：参与制定该地区林业碳汇交易的相关政策法规；受理林业碳汇项目的核准及碳信用签发的申请；授权项目注册平台的构建，并对注册平台进行监管；受理项目审定、碳汇计量监测、核查认证机构的资质申请；批准该地区林业碳汇项目的核准和碳信用的签发，批准项目审定、林业碳汇计量监测、核查认证机构的资质；审核该地区林业碳汇交易机构申请；监督交易机构的交易活动。

2）交易机构。中国林业产权交易所是实施试点地区林业碳汇交易的机构，其主要职责是：根据有关法律、行政法规和规章的规定，起草制定具体交易细则；审查试点地区林业碳汇交易当事人的资格；验证试点区林业碳汇工作办公室指定的核查／认证机构的认证结果；受理该地区林业碳汇信用的交易申请，并出具受理通知；审核所转让的林业碳信用的价格；向交易双方出具有关的交易凭证，依法办理碳信用交易登记及碳信用权益变更手续；制定交易环节、结算环节、交割环节和违约处理方面的制度，对试点区林业碳汇交易过程实施业务管理。

3）市场交易主体。市场交易主体主要包括需求方和供给方。

4）交易产品。交易产品主要指产品形式和产品价格。产品形式：林业碳汇交易的产品形式是林业碳汇项目所生产的经核查认证和签发的碳汇信用；产品价格：基准价的制定可以采用成本加成定价法、机会成本法等成本加成定价法。首先由园林绿化部门对林业碳汇产生的成本进行核算，然后加上一定比例的利润，以此作为基准价格。

5）其他市场参与者。在林业碳汇交易项目开展进程中，还需要有注册机构、项目审定、计量监测、核查认证等独立第三方资质机构的参与，另外还有经纪人、投资者和投机者。

(三)国内碳汇交易存在的误区

林业碳汇交易的成功开发，可为森林生态效益价值化及其生态补偿提供良好的途径，具有一定的发展潜力。但同时由于林业碳汇碳减排量是一种无形的特殊商品，有期货的特征，执行周期长，易受到自然灾害、国家政策调整等不可控因素的影响，风险较大，更需要项目业主具有足够的风险防范意识和能力。通过项目的开发实践，认为林业碳汇在发展过程中，应着重注意如下几方面的问题。

1.“碳交易”完全等同于“碳汇交易”

在互联网上或有些媒体报道中，经常可以看到，把“碳交易”和“碳汇交易”混为一谈，甚至把“碳汇交易”与“碳交易”完全等同起来，过分夸大林业碳汇交易的经济收益等误区。实际上两者并非一致，存在着差异。

首先，需澄清几个基本概念。根据《联合国气候变化框架公约》定义，碳汇是从大气中清除二氧化碳等温室气体的过程、活动或机制。森林碳汇是指森林生态系统吸收大气中二氧化碳，并将其固定在植被和土壤中，从而减少大气中二氧化碳浓度的过程、活动或机制。林业碳汇，通常是指通过森林保护、湿地管理、荒漠化治理、造林和更新造林、森林经营管理、采伐林产品管理等林业经营管理活动，稳定和增加碳汇量的过程、活动或机制。

通俗地讲，碳交易是指交易主体按照有关规则开展的温室气体排放权或碳排放空间的交易活动，其主要目的是降低减排成本、推进低成本应对气候变化。目前国际上碳交易的产品（标的物）主要有两类，分别是占主导地位的排放配额和基于项目的减排量（如清洁发展机制CDM项目的CER，国际核证碳减排标准VCS的VCU）。与国外类似，国内碳交易的产品绝大多数是排放配额，它是政府分配给重点排放单位（控排企业单位）指定时期内的碳排放额度（排放许可）；其次是国家核证自愿减排量（CCER），它是指依据国家发展和改革委员会发布施行的《温室气体自愿减排交易管理暂行办法》（改革气候（2012）1668号）的规定，经其备案并在国家注册登记系统中登记的国家核证自愿减排量。并且在来自减排项目的国家核证减排量交易中，林业碳汇项目减排量只是其中交易的一种产品类型，而绝大部分产品是来自于能源工业、能源分配、能源需求、制造业、化工行业、建筑行业、交通运输业、矿产品、金属生产等其余15个专业领域的减排项目。由此可见，碳汇交易属于碳交易的范畴，但是碳汇交易不等同于碳交易。

碳交易与碳汇交易等概念被引入我国之后，一些人或机构认为可以利用林业碳汇和碳汇交易的概念赚钱，就飞快建立“林业碳汇公司”“碳汇林公司”“碳汇林网”等，可所做的事情要么与林业碳汇生产与碳汇交易无关，要么提供错误和虚假信息。还有一些人宣传“碳汇林物种”“碳汇林苗木”等错误概念，误导公众，借机牟取暴利，甚至有人或机构利用碳汇进行传销或开展非法集资。

森林碳储量与碳汇量的概念也经常被混淆，经常有人把森林碳储量说成碳汇量。实际上，森林碳储量与碳汇量，两者有一定关联，但是两者的概念和内涵并非一致，存在差异。森林碳储量是指截至某一个时点森林碳库中所积累的碳量。而碳汇量是指一年或一定时期内森林碳库碳储量的变化量，即增加量。

2.“碳汇交易”是一本万利的

现在社会上还存在过分夸大碳汇交易经济收入的倾向。有些公司过分渲染碳汇交易的经济收益，号召公众“投资碳汇赚大钱”，这是很危险的宣传。这是因为森林具有生态效益、经济效益和社会效益等三大效益。生态效益主要有涵养水源、改善水质、保持水土、防风固沙、吸收二氧化碳、放出氧气、保护生物多样性、改善气候等，而碳汇只是其中一个功能或一个生态效益。即使能卖出去，也只是一点额外的经济收益，不可能完全抵消造林、森林经营、森林管护以及项目设计、监测和第三方审定、核证等所有的项目投入，如何赚大钱？况且碳汇要作为一种碳信用指标（碳减排量）进行交易，有许多特殊要求和条件，需要按相应规则和程序开发，进而需要付出相应的成本。

必须强调的是，我们植树造林、恢复植被和开展森林经营管理，追求的是森林的多种功能和效益，并非只是单纯卖林业碳汇。国内外温室气体项目通常分为15~16个专业领域，林业碳汇项目属于专业领域14，只是众多专业之一。

根据联合国气候变化框架公约CDM项目数据库（CDM项目数据库，2017），截至2017年9月5日，全球共有66个林业碳汇项目获得CDM执行理事会批准注册。其中，中国有5个CDM林业碳汇项目获得注册，分布情况为广西壮族自治区2个、四川省2个、内蒙古自治区1个，注册造林面积约31万亩。注册的CDM林业碳汇项目，不到注册的CDM项目总数7730个的1%，碳汇交易量也不大。

根据国际核证碳减排标准VCS项目数据库（VCS项目数据库，2017），截至2017年9月5日，全球共有146个林业碳汇项目获得VCS批准注册。其中，中国有6个VCS林业碳汇项目获得注册，包括4个改进森林管理项目、2

个造林项目，分布情况为云南、四川、福建、内蒙古、青海、江西各1个项目。另外有一个西双版纳改进森林管理碳汇项目已获VCS批准，正在走最后的注册程序。VCS林业项目减排量VCU在国际自愿碳市场上有一定规模的交易量，主要用于企业志愿减排，履行社会责任，提升企业绿色形象。

根据中国自愿减排交易信息平台CCER项目备案通知和备案项目数据（国家发展改革委，2017），获得国家主管部门备案的CCER项目中，截至2017年9月5日，共有15个CCER林业碳汇项目（专业领域14）获得主管部门批准注册，其中3个项目已签发首期减排量。项目类型有造林、竹子造林、森林经营碳汇项目，分布情况于广东（3个）、北京（1个）、江西（1个）、湖北（1个）、内蒙古（3个）、黑龙江（2个）、云南（1个）、河北（3个）等省市区。获得备案林业碳汇项目占总备案项目数量项的2%，签发交易的减排量也还不多。截至目前，包括CCER和北京核证减排量（BCER）林业碳汇项目累计成交27笔，成交量7.2万t，成交金额266万元，成交均价为36.7元/t，成交单价高于一般的CCER项目。

从国际和国内碳交易的数量上看，碳交易的产品大多数是排放配额（排放许可），作为抵消机制也交易一定比例的基于项目的减排量（包括减排项目和碳汇项目），如中国在7个碳交易试点阶段，CCER抵消比例是5%~10%。全国统一碳交易市场启动后的CCER抵消比例尚未发文明确。在国际碳市场和国内碳市场中，作为抵消机制，碳汇交易所占份额都还很小。因此，不应将碳汇交易的数量和收益过分夸大，误导公众。

3. 所有森林都可以进行碳汇交易

国内有不少人都认为只要是森林就可以开发成碳汇项目并进行碳汇交易，而事实并非如此。那么，什么样的林业碳汇可以交易呢？

根据《联合国气候变化框架公约》对碳汇的定义和国际国内碳排放权交易的有关规则，目前，能够交易的林业碳汇应该是按照有关规则和被批准的林业方法学开发的林业碳汇项目所产生的净碳汇量，即从项目碳汇量中扣除了基线碳汇量和泄漏量之后剩余的碳汇量，也就是项目减排量，并且项目必须要具有“额外性”。额外性是指碳汇项目活动所带来的减排量（项目净碳汇量）相对于基准线的碳吸收（基线碳汇量）而言是额外的，即这种减排量在没有拟议碳汇项目活动时是不会产生的。通俗地说，额外性是指在没有碳收益或技术支持的情况下，拟议碳汇项目无法成功实施和运营的。

二、我国林业碳汇志愿市场的开发

（一）中国林业碳汇交易实践

目前，我国在林业碳汇交易方面的基本状况主要体现在通过清洁发展机制（CDM）与国外展开碳汇交易，据中国清洁发展机制网汇总统计，中国已开展的林业碳汇CDM项目共4个。目前国内的林业碳汇项目在很大程度上是基于国内志愿碳减排和探索性实践的需要，市场化交易还不频繁，但也有成功案例。2013年11月29日，广东长隆碳汇造林项目按照国家发改委《温室气体自愿减排交易管理暂行办法》进行了申报；2013年12月16日，在国家发改委成功注册，并在“中国自愿减排交易信息平台”公示了广东长隆碳汇造林项目的设计文件。2014年6月27日，国家发改委召开备案审核会，会上审定并通过了广东长隆碳汇项目，这是全国首例CCER林业碳汇项目获得国家发改委审定。

（二）发展我国林业碳汇交易政策的建议

1. 管理政策促进林业碳汇的发展

管理政策促进林业碳汇发展的表现主要包括以下几个方面。

（1）以建立完善合理的政策体系为前提。由于林业碳汇是一个较为崭新的理念，发展时间较短，中央及各地方政府及林业部门的相关支持政策还在逐步完善过程当中。国际上出台的一些CDM林业碳汇项目的国际规则和要求，随着国际气候谈判的走势及我国碳排放权交易试点的推进，可在一定程度上对我国林业碳汇交易项目的开发提供借鉴，但其适用性还有一定不足，且规则过于复杂，不利于工作推广。因此，应借鉴国际规则和要求，根据我国实际发展制定符合我国项目实施规则、与国际接轨的项目建设标准和管理办法等，除中央制定相关的政策外，各级政府及林业部门也要制定配套的制度和碳汇项目实施管理办法，使我国的林业碳汇管理工作尽快走上国际化、规范化、法制化轨道，推动我国林业碳汇交易市场的形成和发展，逐步实现森林生态效益外在价值的内部化。

另外就是要加强政府的职能转变。相关部门需要摒弃强势政府的形象，在推进林业碳汇交易体系构建过程中的作用不仅是投入钱、人、物等，更重要的是做好政策实施的舵手，要完善要素与价格机制，建立起技术市场竞争的格局，大力发展社会资源的开发和优化配置。

根据国外成功的碳交易机制和经验，在碳交易市场上虽然存在一些企业和个人自愿购买碳汇储备的情况，但是目前绝大多数林业碳汇需求者对碳汇的需求往往还是制度和规则约束下的结果。因此，我国国内林业碳汇交易市场得以持续存在的理论基础应该是由国家制定排放配额限制，以碳排放权交易市场的建立为前提。即先确定国家总的排放限额，再按合理的标准进行分配。排放配额制度的实行可以遵循两个标准：一是以地区为依据，二是以行业为依据。就我国目前的减排现状来看，先分地区试点，并以行业为依据确定承担减排任务的主体更适合我国当前的国情，而且在这一过程中，应将林业碳汇纳入重点行业之一。

（2）建立健全法律法规体系。要使温室气体的排放得到有效的控制，推动国内林业碳汇市场的不断壮大，国家相关法律法规体系的完善是必不可少的一个环节。如果没有了法律的保证，这一切就像一匹脱缰之马，后果是无法想象的。健全法制管理，运用法律和必要的行政手段保证林业碳汇项目的正常运营，建立专门的林业碳汇法律体系，并注意与国际法的衔接。建立健全科学的林业碳汇法规体系和标准体系，严格准入、公正执法、完善制度和措施。在进行政府机构改革和经济体制改革中，尤其是大部制和“省直管县”体制改革中，要强化林业碳汇项目的实施作为各级政府的一项重要职能。认真制订和监督执行林业碳汇的规划，构建科学的政绩考核体系，要切实改变目前行政官员政绩考核单纯依赖GDP增长贡献这一指标的现状，建立起一套以节能减排为目标的政绩考核体系。

具体操作时要有阶段、有步骤地加强各个部门规章制度的建立、区域法律法规的约束以及国家强有力的立法。只有这样，才能从源头上去提高整个社会对林业碳汇的认识，并且提高大家的减排意识。要将发展我国林业碳汇以及鼓励公民的参与等内容增加到我国《环境保护法》《森林法》等相关的法律法规中去，要增加相关的约束条款，只有这样，才能提高相关法律法规的强制性以及可操作性。

在林业碳汇的交易过程中，以法律法规明确具体的交易对象、交易规则以及主管机构应该承担的法律责任，这是林业碳汇政策得以成功实施的基本前提。有法可依是实施林业碳汇有效管理的基本保障，通过法律来调整宏观政策和环境政策，使企业的排放行为得到很好的控制，有步骤、有阶段地推进部门规章、区域约束以及国家立法，不仅能促进我国碳汇事业走上法制化轨道，而且有利于从根本上推进全社会生态保护意识和清洁生产乃至能源节约。

（3）建立我国林业碳汇政策的监控机制。对林业碳汇的动态进行政策监控，根据政策形成的信息完备原则、合理性原则、协调性原则、可持续性原则、民主集中原则和科学决策原则，建立林业碳汇的综合决策机制和碳汇政策动态监控机制，从政策的制定、政策的执行、政策的评估和政策的终结各个政策环节进行合理监控。

开展对现行林业碳汇政策和法规的全面评价，通过对现有政策和现实需要进行比对分析，通过课题研究和招标的方法，尽量调动全社会智力资源，设计林业碳汇的最优政策方案，在政策规划中将确定林业碳汇的基本问题的界定，确立明确的政策目标，以及政策方案的后果预测、子方案的选择标准等，确定政策执行中涉及的部门和各部门相应的职责权利以及政策监控系统，同时加强部门间的沟通和协调，形成政策体系。制定林业碳汇的相关法律、政策体系，使之与经济、社会、环境综合发展相协调。通过法规约束、政策引导和调控，推进我国林业碳汇事业的发展。

建设完整的政策主体监控体系，确立林业碳汇的政策目标和政策标准，形成绩效衡量标准；调整现有政府部门的职能，加强部门间的广泛协商和合作，对林业碳汇的各项政策施行事前、事中和事后监控机制；建立协调的管理运行机制和反馈机制，形成政策主体的自我监控和逐级、越级监控体系，使各部门之间采取协调一致的行动，必要时建立新的组织协调机构，以保证预期政策目标的顺利实现。

发挥企业、非营利组织、大众舆论等政策主体以外政策监督者的政策监控作用，形成合理的政策反馈渠道，全方位动态监控调整政策。

2. 金融财税政策推动林业碳汇的发展

推动林业碳汇发展的金融财税政策主要包括以下几个方面。

（1）建立碳税激励政策。碳税是指税务部门专门针对二氧化碳排放所征收的税项，旨在达到减少征税目标的能源消耗与二氧化碳排放的目标；与以总量控制与排放贸易这类以市场竞争作为基础的温室气体减排机制不同，征收碳税仅需要额外地增加很少的管理成本即能够实现。碳税设计的目标一方面是保护环境，节约能源资源，促使企业降低能源消耗，提高能源利用效率，减少温室气体排放；另一方面是为了实现税收的激励功能。

我国每年的二氧化碳排放量已居世界第一，在几十年甚至几年之后也会面临很大的减排压力。虽然现在我国还不是《京都议定书》中规定的必须承担减排任务的国家，但是我国的一些企业排碳量非常大，我国一直以来都秉承“谁污染、谁治理”的环境治理原则，那么那些碳排放量高的企业有责任也有义务支付排碳费。将林业碳汇前置于碳税之前，不失为中国应对气候变化、促进企业自愿减排的有效途径。具体做法是企业购买碳汇信用指标，给予减免相应的碳税税款。如此将林业碳汇前置于碳税征收环节之前，不仅可以保证有效地减少二氧化碳排放，还能更有效地增加森林面积，促进国家生态建设。

（2）建立推动碳交易市场发展的政策。从国内法律的角度而言，应当通过立法的方式确定有二氧化碳排放行为的工业企业，尤其是重点能耗行业的企业为林业碳汇的法定购买主体，并规定其法定购买量。碳交易制度是应对气候变化的各项制度中成本较小的一种，而且碳交易很可能刺激减排所需要的技术创新。

与此同时，我们应当积极探索建立具有中国特色的、符合我国国情的温室气体排放交易的国内市场机制。目前，在《京都议定书》的制度安排中，我国没有强制减排的任务，当前的碳排放权交易主要是进行自愿减排交易。自愿减排交易是我国在没有建立配额交易制度前对碳金融交易的有力尝试，也是个人、企业和机构在没有强制碳减排前提下，参与碳金融制度的有效途径。

目前，碳排放交易市场在我国发展的时间较短，还很不完善。政府的干预力度非常明显，企业基本需要通过国家、政府或环境管理部门来实现碳交易。在这种情况下达成的交易，是缺乏效率的。而且，国家对碳交易市场进行的行政干预，不利于我国碳汇市场统一的规则和交易秩序的形成，也就不能迅速及时地与国际碳汇市场进行链接。

通过政策之间的相互配合、相互补充，发挥出财政金融等经济政策整体效应。首先从财政预算上体现林业碳汇的政策倾斜，然后通过公共支出政策、分配性财政政策、调节性财政政策、税收豁免、税收抵免、纳税扣除、优惠税率等政策手段，将公共服务和利益分配给能源产业低碳发展的企业或个人，将限制和约定加之不走低碳发展的企业或个人，从而利用利益机制引导购买碳汇的企业和个人的经济行为。

3. 环境政策助力林业碳汇的正常实施

推动林业碳汇正常实施的环境政策主要包括以下几个方面。

（1）建立与林业产权改革相结合的林业碳汇产权制度。林业碳汇交易的客体应为林业碳汇，但是从可交易性上看，并不是所有的林业碳汇都可以成为交易对象。现代产权经济学认为，只有产权界定清晰的商品才可以进入交易市场。理想的产权状况包括对物的占有、使用、收益和处分的排他性与可转让性，即林业碳汇和提供碳汇的林业资源都可以作为商品自由转让。但是，林业碳汇作为一种公共资源，其生态效益必然具有明显的外部性特征。所以，必须要在林业碳汇的产权确定之后再投入市场，通过已经建立的林业产权交易所按照市场规则和法律制度进行交易。

（2）完善林业碳汇的生态补偿机制。不断地完善我国森林生态补偿机制，是大力发展我国林业碳汇的重要政策手段之一。我国现在主要执行的是依靠国家财政出钱“买单”的森林生态补偿机制，但是存在着许多不足之处，比如国家用于发展林业碳汇的财政支出是有限的，所以对生态林的补偿标准不高，并且没有针对各个地方生态林发展的不同特征进行区别对待，而是“一刀切”，这样一来，并没有实现森林生态服务的真正价值。随着全球碳汇市场的不断扩大及国内碳排放交易市场的构建，使得通过市场的手段来实现森林生态的价值成为现实，所以，我们要充分利用林业碳汇的概念，要对森林生态补偿机制进行科学合理的评估，并且依据“受益者付费、损害者赔偿”的基本原则，逐步地对我国生态补偿机制中的价格机制、交易机制以及产权机制进行进一步的完善，并且建立我国森林生态补偿的相关责任分担机制。

（3）促进林业碳汇的区域统筹协调发展。调研了解实施林业碳汇项目在中国的可行性、优先试点的区域、项目的发展潜力以及在项目的建设过程中怎样保护生物的多样性和改善林业社区生计。在中国有哪些区域符合造林、森林经营或竹林项目要求，什么地方可以最有效、最方便地实施开展项目就成为了首先需要解决的问题了。

因此，建立优先发展的区域就是要确定在我国碳交易机制下在什么区域可以优先开展林业碳汇项目。首先确定项目一定要满足相关方法学对土地利用状况的基本的要求，另外还要区别分析该区域森林资源的状况，确保林业碳汇项目建设区有较高的吸收碳的能力；然后针对不同区域的碳吸收潜力，同时结合生物多样性的评价、生物量测定数据和社会经济状况数据等找出优先的发展区域。

要统筹全国和地方、国际市场和国内市场、城市和农村林业产业的协调统一发展，要做到我国林业产业行业之间、地区之间的衔接和协调，使我国的林业产业不断地朝专业化、科学化、市场化和社会化的方向发展。合理地对我国生态林的项目、特别是有利于我国林业碳汇发展的公益林项目进行布局，按照林业的区划，分门别类地对我国林业产业进行经营，从而形成以品牌产业和具有优势的产业为主导的产业带和产业群，并且遵循发展林业碳汇的标准，对有限的森林资源进行有效的利用，在保护生态环境的基础上，形成资源循环利用的生态林业产业链条。当然，不同的地区要从本地区经济发展的实际情况出发，科学地进行统筹规划，因地制宜，积极地引导我国林业产业朝着健康的道路发展。

4. 统一的林业碳汇计量监测体系有待完善

目前，我国已建立了统一的林业碳汇计量监测体系，但尚未完全涵盖全部省份和森林绿地类型，这必将会对我国林业碳汇交易市场的全面开展产生阻力，有待进一步完善，以便更好地了解和掌握全国林业碳汇的现状和潜力，为政策制定和市场运作提供必要的基础数据支持和依据。因此希望相关部门能够早日出台关于全国林业碳汇的计量和监测政策法规，将林业碳汇计量监测工作常态化、制度化，从技术基础层面促进我国国内林业碳汇交易市场的全面快速发展。

5.用改革思路发展林业碳汇产业

为了全面推进林业碳汇产业发展的安排部署，要注意学习、紧跟国家相关政策，抓住时间节点，用改革思路推进林产业发展，现在主要抓好以下几方面的工作。

（1）要抓好机构建设工作，强化责任管理。相关领导要高度重视，深刻认识发展林业碳汇产业的重大意义，要有担当意识，增强工作责任感和紧迫感，加快建立健全林业碳汇组织机构建设，明确责任分工，搞好协调配合，狠抓责任落实。

（2）要抓好资源本底调查，确保有的放矢。按照林业碳汇项目的要求，迅速开展符合开发林业碳汇项目的资源本底调查，从权属、树龄、树种、面积等方面摸清家底，确保每一个项目都合规、分配都合理、实施都安全。

（3）要抓好合同签订环节，确保农民利益。说到底发展林业碳汇产业、实施碳汇项目，是要解决集体林权制度改革后农户分散经营森林，无法单独参与碳汇交易的问题。而碳汇交易是一特定的市场行为，既有部分市场特征，如交易行为、价格波动、利益分配，又有政府行为，如强制限额排放、碳汇量备案等。所以在推进这项工作时，要把握好林业局的定位，我们是服务者、是协调者、是监督者，不是林权所有者，不是碳汇交易的业主，我们要积极引导林权所有者或林权所有者委托的专业公司与专业的碳汇开发交易公司合作，发挥优势互补，协作进入碳汇交易市场，达到双赢目的。

（4）要抓好时间节点进度，争取更大实惠。根据各方面得到的消息，国家碳汇政策很快有新规定出台，如现在是2005年春季以来的符合相关要求的新造林都可计测碳汇量，通过备案后即可进入市场，但新规定出台后，可能将调整为2013年后的新造林。那么2005—2013年间的新造林将不能计入，农民将损失巨大。所以大家行动要快，要真正为农民和利益着想加快林业碳汇项目开发和建设。制定项目建设时间表，层层落实责任。

第四节　林业碳汇交易项目开发流程

一、林业碳汇交易项目的开发流程

林业碳汇交易项目是指根据有关减排机制的林业项目方法学规定和程

序，开发的能够产生减排量的碳汇项目3林业碳汇交易项目类型有很多，如符合中国温室气体自愿减排林业方法学的项目（林业CCER项目）、符合清洁发展机制林业碳汇方法学的项目（林业CDM项目）、符合国际核证碳减排标准方法学的项目（林业VCS项目）等。

林业碳汇项目开发的一般流程包括以下7个步骤。

（1）项目设计：由业主或咨询机构编制项目设计文件（PDD）。

（2）项目审定：由审定机构进行项目审定。

（3）项目注册：由注册机构进行项目注册或备案。

（4）项目实施：由业主组织实施项目。

（5）项目监测：由业主或咨询机构按监测计划进行监测。

（6）项目核证：由核证机构对监测报告进行核证。

（7）减排量签发：由注册机构审核签发或备案减排量。

由注册机构审核签发或备案的减排量可进入碳市场交易。

二、CCER林业碳汇项目开发与交易流程

下面以林业部门最为关注的中国自愿减排交易（CCER）林业碳汇交易项目为例进行说明到底应该如何规范有序地开发林业碳汇项目。根据国际国内有关规则和项目实践，林业碳汇交易项目开发与交易需要按一定的程序进行。根据国内外的通行做法和有关政策规定，将CCER林业碳汇项目开发流程归纳为7个步骤，分别是项目设计、项目审定、项目备案、项目实施、项目监测、减排量核证及其备案签发。其余类型的林业碳汇项目开发流程与此大同小异，如CDM碳汇项目在提交联合国注册前需要获得国家发展改革委的批准函（国家发展改革委、科技部、外交部、财政部，2011），而VCS碳汇项目不需要国家发展改革委的获得批准。各步骤承担单位的差异主要在于项目审定核证机构和项目注册和签发部门的差异，其项目开发流程具体分析如下。

（一）项目设计

由技术支持机构（咨询机构），按照国家有关规定，开展基准线识别、造林作业设计调查和编制造林作业设计（造林类项目），或森林经营方案（森林经营类项目），并报地方林业主管部门审批，获取批复。请地方环保部门出具环保证明文件（免环评证明）。

按照国家《温室气体自愿减排交易管理暂行办法》（发改气候〔2012〕1668号）、《温室气体自愿减排项目审定与核证指南》（发改气候〔2012〕2862号）和林业碳汇项目方法学的相关要求，由项目业主或技术支持机构

开展调研和开发工作，识别项目的基准线、论证额外性，预估减排量，编制减排量计算表、编写项目设计文件（PDD）并准备项目审定和申报备案所有必需的一整套证明材料和支持性文件。

（二）项目审定

由项目业主或咨询机构，委托国家发展改革委批准备案的审定机构，依据《温室气体自愿减排交易管理暂行办法》《温室气体自愿减排项目审定与核证指南》和选用的林业碳汇项目方法学，按照规定的程序和要求开展独立审定。项目审定程序又细分为7个环节。由项目业主或技术咨询机构，跟踪项目审定工作，并及时反馈审定机构就项目提出的问题和澄清项，修改、完善项目设计文件。审定合格的项目，审定机构出具正面的审定报告。

截至目前，具有资质的审核CCER林业碳汇项目的审核机构有6家：中环联合（北京）认证中心有限公司（CEC）、中国质量认证中心（CQC）、广州赛宝认证中心服务有限公司（CEPREI）、北京中创碳投科技有限公司、中国林业科学研究院林业科技信息研究所（RIFPI）、中国农业科学院（CAAS）。

（三）项目备案

项目经审定后，向国家发展改革委申请项目备案。项目业主企业（央企除外）需经过省级发改委初审后转报国家发展改革委，同时需要省级林业主管部门出具项目真实性的证明，主要证明土地合格性及项目活动的真实性。

国家发展改革委委托专家进行评估，并依据专家评估意见对自愿减排项目备案申请进行审查，对符合条件的项目予以备案。

（四）项目实施

根据项目设计文件（PDD）、林业碳汇项目方法学和造林或森林经营项目作业设计等要求，开展营造林项目活动。

（五）项目监测

按备案的项目设计文件、监测计划、监测手册实施项目监测活动，测量造林项目实际碳汇量，并编写项目监测报告（MR），准备核证所需的支持性文件，用于申请减排量核证和备案。

（六）项目核证

由业主或咨询机构，委托国家发展改革委备案的核证机构进行独立核证。核证程序又细分为7个环节。由项目业主或技术咨询机构，陪同、跟踪项目核证工作，并及时反馈核证机构就项目提出的问题，修改、完善项目监测报告。审核合格的项目，核证机构出具项目减排量核证报告。

（七）减排量备案签发

由项目业主直接向国家发展改革委提交减排量备案申请材料。由国家发展改革委委托专家进行评估，并依据专家评估意见对自愿减排项目减排量备案申请材料进行联合审查，对符合要求的项目给予减排量备案签发。

三、CCER林业碳汇交易流程

根据现通行的做法，CCER林业碳汇交易主要有以下两种方式。

方式一：项目林业碳汇CCER获得国家发展改革委备案签发后，在国家发展改革委备案的碳交易所交易，用于重点排放单位（控排单位）履约或者有关组织机构开展碳中和、碳补偿等自愿减排、履行社会责任。这是主要交易方式。

方式二：项目备注注册后，项目业主与买家签署订购协议，支付定金或预付款，每次获得国家主管部门签发减排量后交付买家林业碳汇CCER。

四、CCER林业碳汇项目开发的基本条件

截至目前，国家发展改革委批准备案的CCER林业碳汇项目使用的方法学有4个，分别是《AR-CM-001-V01碳汇造林项目方法学》《AR-CM-002-V01竹子造林碳汇项目方法学》《AR-CM-003-V01森林经营碳汇项目方法学》《AR-CM-005-V01竹林经营碳汇项目方法学》。CCER林业碳汇项目要根据这些林业方法学进行开发，并且具备“额外性”，按国家有关政策和规则进行独立审定与核证，才有可能获得国家主管部门的备案和林业碳汇CCER签发，进行实现碳汇交易。

CCER林业碳汇项目活动开工时间不早于2013年1月1日且3年内完成项目审定公示（2016年以后的新规定，有关文件已讨论多次，但至今尚未正式发文）。

为维护有关项目的真实性和可靠性，CCER林业碳汇项目在提交国家发展改革委备案申请前，需要由省级林业主管部门出具项目真实性证明（2016年后的新规定，已开始施行，但尚未正式发文）。

根据国家主管部门备案的4个CCER林业碳汇项目方法学，将CCER林业碳汇项目开发的适用条件或基本条件归纳如下。

（一）碳汇造林项目方法学的适用条件

碳汇造林项目的方法学适用条件包括以下方面。

（1）项目活动的土地是2005年2月16日以来的无林地。造林地权属清

晰，具有县级以上人民政府核发的土地权属证书。

（2）项目活动的土地不属于湿地和有机土的范畴。

（3）项目活动不违反任何国家有关法律、法规和政策措施，且符合国家造林技术规程。

（4）项目活动对土壤的扰动符合水土保持的要求，如沿等高线进行整地、土壤扰动面积比例不超过地表面积的10%，且20年内不重复扰动。

（5）项目活动不采取烧除的林地清理方式（炼山）以及其他人为火烧活动。

（6）项目活动不移除地表枯落物、不移除树根、枯死木及采伐剩余物。

（7）项目活动不会造成项目开始前农业活动（作物种植和放牧）的转移。

另外，本方法学的适用的碳汇造林活动不包括竹子造林。

（二）森林经营碳汇项目方法学的适用条件

森林经营碳汇项目方法学的适用条件包括以下几个方面。

（1）实施项目活动的土地为符合国家规定的乔木林地，即郁闭度≥0.20，连续分布面积≥0.0667hm^2，树高≥2m的乔木林。

（2）本方法学（版本号V.01.0）不适用于竹林和灌木林。

（3）在项目活动开始时，拟实施项目活动的林地属人工幼、中龄林。项目参与方须基于国家森林资源连续清查技术规定、森林资源规划设计调查技术规程中的林组划分标准，并考虑立地条件和树种，来确定是否符合该条件。

（4）项目活动符合国家和地方政府颁布的有关森林经营的法律、法规和政策措施以及相关的技术标准或规程。

（5）项目地土壤为矿质土壤。

（6）项目活动不涉及全面清林和炼山等有控制火烧。

（7）除为改善林分卫生状况而开展的森林经营活动外，不移除枯死木和地表枯落物。

（8）项目活动对土壤的扰动符合下列所有条件。①符合水土保持的实践，如沿等高线进行整地；②对土壤的扰动面积不超过地表面积的10%；③对土壤的扰动每20年不超过一次。

（三）竹子造林碳汇项目方法学的适用条件

竹子造林碳汇项目方法学的适用条件包括以下几个方面。

（1）项目地不属于湿地。

（2）如果项目地属方法学规定的有机土或符合方法学所规定的草地或农地时，竹子造林或营林过程中对土壤的扰动不超过地表面积的10%。

（3）项目地适宜竹子生长，种植的竹子最低高度能达到2m，且竹竿胸径（或眉径）至少可达到2cm，地块连续面积不小于1亩，郁闭度不小于0.20。

（4）项目活动不采取烧除的林地清理方式（炼山），对土壤的扰动符合水土保持要求，如沿等高线进行整地，不采用全垦的整地方式。

（5）项目活动不清除原有的散生林木。

（四）竹林经营碳汇项目方法学的适用条件

竹林经营碳汇项目方法学的适用条件包括以下几个方面。

（1）实施项目活动的土地为符合国家规定的竹林，即郁闭度≥0.2、连续分布面积≥0.0667hm^2、成竹竹竿高度≥2m、竹竿胸径≥2cm的竹林。当竹林中出现散生乔木时，乔木郁闭度不得达到国家乔木林地标准，即乔木郁闭度必须小于0.2。

（2）项目区不属于湿地和有机土壤。

（3）项目活动，不违反国家和地方政府有关森林经营的法律、法规和有关强制性技术标准。

（4）项目采伐收获竹材时，只收集竹竿、竹枝，而不移除枯落物，项目活动不清除竹林内原有的散生林木。

（5）项目活动对土壤的扰动符合下列所有条件。①符合竹林科学经营和水土保持要求，松土锄草时，沿等高线方向带状进行，对项目林地的土壤管理不采用深翻垦复方式；②采取带状沟施和点状篼施方式施肥，施肥后必须覆土盖严。

五、CCER林业碳汇交易的优势和前景

林业已纳入了应对气候变化的国际进程，在国际气候行动中越来越受到关注。林业议题几乎是每次联合国气候变化大会最受关注且最易达成共识的谈判议题。2015年6月，中国政府发布了《强化应对气候变化行动——中国国家自主贡献》，确定了到2030年的自主行动目标：二氧化碳排放2030年左右达到峰值并争取尽早达峰；单位国内生产总值二氧化碳排放比2005年下降60%～65%，非化石能源占一次能源消费比重达到20%左右，森林蓄积量比2005年增加45亿m^3左右。2015年12月联合国巴黎气候大会达成全球减排新协定《巴黎协定》，并将林业作为单独条款列入《巴黎协定》，从国际气候治理法定文件中进一步加强了林业在应对全球气候变化中的重要功能和地位，特别强调了森林在生物多样性保护、减贫等众多非碳效益。《巴黎协定》森林条款明确规定：2020年后各国应采取行动，

保护和增强森林碳库和碳汇，继续鼓励发展中国家实施和支持“减少毁林和森林退化排放及通过可持续经营森林增加碳汇行动（REDD+）”，促进“森林减缓以适应协同增效及森林可持续经营综合机制”，强调关注保护生物多样性等非碳效益。这些国际国内文件和行动充分表明，林业具有重要的减缓和适应气候变化的功能，在应对气候变化中具有特殊地位。而林业碳汇项目，具有多重效益，有利于改善生态环境、应对气候变化、推进生态文明建设和促进可持续发展，开展林业碳汇交易具有重要意义。我国政府已经将林业CCER作为抵消机制纳入国家碳排放权交易体系，为林业发展带来了新的发展机遇。

国家发展改革委相继备案了4个林业碳汇项目方法学，建成了国家登记簿，开展了7省市的碳交易试点，取得了许多碳交易的实践经验和教训。国家和气候变化主管部门出台了一系列推进国家温室气体减排和全国统一碳市场建设的政策和文件，开展了大量的能力建设和前期准备工作，决定将于2017年内启动全国统一碳排放权交易市场。此外，国家发展改革委已经批准备案了中国绿色碳汇基金会与合作伙伴广东林业规划院、浙江农林大学、美国环保协会等单位提供技术服务和资金支持开发的全国首个CCER碳汇造林项目“广东长隆碳汇造林项目”和全国首个CCER竹子造林碳汇项目“湖北省通山县竹子造林碳汇项目”，并且广东长隆碳汇造林项目首批碳汇减排量CCER已于率先于2015年5月25日获得国家发展改革委签发备案，且以每吨20元的单价成功实现交易，用于广东碳交易试点的控排企业粤电集团减排履约，为我国开发林业碳汇项目和开展碳汇交易提供了学习样板和项目经验。可见，目前我国已经具备开发CCER林业碳汇项目和开展碳汇交易的重要条件和实践基础。

由上可见，国际和国内形势以及实践基础都有利于中国开展碳排放权交易，尤其有利于CCER林业碳汇交易的开展。全国碳交易和林业碳汇交易面临难得的历史新机遇。林业碳汇具有多重效益，因此在全国碳市场中较其他减排项目具有较大优势，前景非常可观。

六、加快林业碳汇项目建设步伐

首先，发展林业碳汇产业，实现碳汇经济效益，反哺现代林业建设，促进良性循环发展、社会和谐稳定，有利于提高公民生态保护意识、树立低碳生活理念，有利于促进全市生态文明建设。其次，发展林业碳汇产业，是将林业生态优势转变为生态产品和优势资本的重要手段，是寻求林区新的经济增长点的重要举措，发展林业碳汇产业有利于林业产业结构调整、有利于加快林业绿色转型发展、有利于推动经济社会可持续发展。

国民必须统一思想，充分地认识到发展林业碳汇产业是一项立足长远，惠及社会，事关林业经济发展和林农增收林业增效的重要事业。林业碳汇产业要发展，就必须要开发建设好一批优质的林业碳汇项目，发展林业碳汇产业，开发和交易是重中之重，这不是你想干不想干的问题，不是你怀疑不怀疑的问题，而是必须干、加快干和如何干得好的问题。早干得干，晚干也得干，早干就主动，晚干就被动，其他工作要抓，碳汇产业工作要优先抓，这里面有舞台、有空间。

因此，要进一步深入解放思想，创新发展理念，树立市场、担当、进取、创新意识，把握经济规律，发挥独特优势，抢抓机遇，加快林业碳汇项目建设步伐。积极与专业公司配合协作，抢占林业碳汇发展先机，创造性地开展工作。当前乃至今后一段时期内林业碳汇项目建设是我国的重点工作任务之一，在这个基础上就要开始着手谋划项目建设。

七、项目开发实践对推进林业碳汇交易的建议

为进一步推动我国林业碳汇交易工作健康发展，促进国家温室气体减排，推动国家生态建设，为维护国家生态安全和支持国家生态文明建设做贡献，提出以下建议。

（1）鉴于林业碳汇项目具有显著的多重效益，建议国家主管部门在制定抵消机制政策时适当向林业倾斜，鼓励重点排放单位（控排企业单位）优先购买并使用合格的林业碳汇进行减排履约，支持林业生态建设，促进国家可持续发展。

（2）建议地方各级林业主管部门，根据国家气候主管部门和国家林业主管部门的有关政策要求，抓好林业碳汇项目开发的指导和监督工作，保证CCER林业碳汇交易工作真实合规，健康发展。

（3）建议项目业主和技术咨询机构，按照国家有关政策法规、规则程序和林业方法学的要求，认真组织林业碳汇项目的开发和管理，切实采取真实有效的林业增汇减排技术措施，严格按照批准的造林作业设计或森林经营方案和项目设计文件（PDD）实施营造林项目，确保项目合法合规，真实有效，实现项目预期的造林和森林经营成效，林分生长量达标，达到项目预期的增汇和多重效益的目标。

（4）建议项目审定与核证机构，按照国家有关政策法规、温室气体自愿减排项目审定与核证指南和所选用的林业碳汇项目方法学的要求，严格审核把关，杜绝造假，确保通过审定核证的每个林业碳汇项目都是真实合

规的，核证减排量是准确可信的，严格维护国家发展改革委第三方独立审核机构的权威性和碳信用指标的公信力。

（5）建议有关科研机构、咨询机构，根据碳汇林业发展的实际需求，根据国家有关政策规则，组织开发生产实践中确实需要的新的林业碳汇项目方法学，为开发新的林业碳汇项目提供方法指南和标准依据。

第五节　国际核证碳减排标准林业碳汇项目开发的适用条件

国际核证碳减排标准（VCS）有近20个国际公认的农林领域的方法学。当前国际上70%以上的农林碳汇项目减排量是通过该标准的方法学开发的。在国内具有应用潜力的是《改进森林经营方法学》，用于将用材林转化为保护林的项目。其适用条件包括以下几个方面。

（1）在基线情景下，森林经营需有采伐木材的计划。

（2）在项目情境下，森林利用受限于不会进行商业性木材采伐或不造成森林退化的经营活动；计划采伐量必须根据确定森林允许采伐量（m^3/hm^2）的森林调查方法进行测算。

（3）林地的边界必须清晰并有文件记录。

（4）基线情景不能包括将森林转化为受管制的人工林的情景。

（5）基线情景、项目情景和项目案例都不包括湿地和泥炭地。

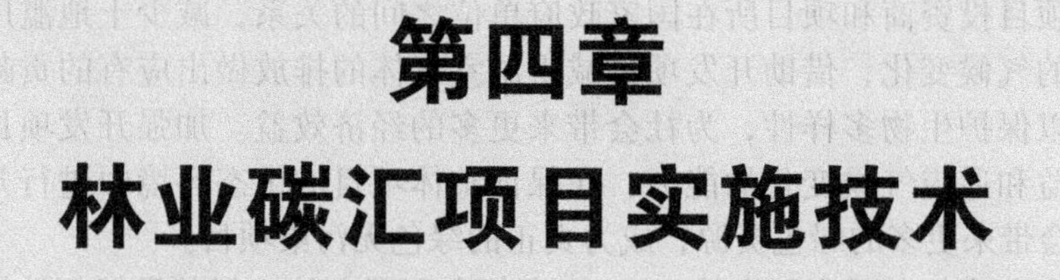

第四章
林业碳汇项目实施技术

林业碳汇项目在实施过程中涉及一系列复杂的技术问题，包括林地选择、项目基线、额外性、泄漏、非持久性、监测和社会经济环境影响评价的方法等。另外，碳汇造林的设计、整地、施工、检查验收、档案管理等技术环节也与传统造林不同。

第一节 林业碳汇项目设计的多重效益标准——CCCB标准

CCCB标准，全称是“中国森林多重效益项目设计标准与指标”。此项指标是将森林资源的多重利益设定为目标，主要是为了能够协调土地开发商、项目投资商和项目所在国家政府单位之间的关系，减少土地滥用开采带来的气候变化，借助开发项目减少温室气体的排放做出应有的贡献，并且可以保护生物多样性，为社会带来更多的经济效益。加强开发项目的附加效益和适应气候变化的能力，在保证整体项目的生态环境中进行开发，为社会带来更多的绿色资源，成为真正的绿色无污染项目。

在全球各个国家制定的CCCB标准都有不同之处，但其目标都是为了能够减少碳排放，加快植物建设步伐，扩大植物种植面积，改善气候变化，维护生态环境平衡。颁发的CCCB指标主要是为改善生态环境的项目设定，该规定的潜在用户包括项目开发者、项目投资方和政府部门。

一、项目开发者

社区群体、非政府组织以及其他组织和机构在开发具有多重环境和社会经济效益的项目时，可以把CCCB标准作为项目遴选标准。符合CCCB标准的项目更有可能获得投资。对于清洁发展机制（CDM）项目开发者，获得CCCB认证将有助于拟议的项目顺利通过指定经营实体（DOE）的审定和获得国家的批准书，并最终在CDM执行理事会成功注册。

二、项目投资方

致力于碳信用投资的私人企业、多边合作机构和其他投资方可以把CCCB标准作为项目遴选的标准，以最大限度地降低投资风险，同时树立更好的企业形象并产生其他附加效益。

三、政府部门

项目所在地的政府和政府部门可用CCCB标准来确保项目的实施有利于国家和当地的可持续发展。

四、CCCB认证级别及标准清单

CCCB标准体系包含了普遍性、气候、社区和生物多样性等四类标准、24个指标，见表4-1。24个指标中，包括15个强制性指标和9个备选的“附加分”指标。应用CCCB标准认证时，项目必须满足所有15个强制性指标的标准，才能获得“合格”或“批准”项目评价。

表4-1 CCCB标准指标清单

标准	指标	指标性类型/附加分
普遍性	G1.项目地基本情况	强制
	G2.基线情景预测	强制
	G3.项目设计与目标	强制
	G4.管理能力	强制
	G5.土地权属	强制
	G6.法律地位	强制
	G7.可持续的适应性管理	1分
	G8.知识传播	1分
气候	GL1.对气候的有利影响	强制
	GL2.对项目边界外的影响	强制
	GL3.气候影响监测	强制
	GL4.适应气候变化和气候变异	1分
	GL5.留存碳信用	1分
社区	CM1.对社区的有利影响	强制
	CM2.对项目区外社区的影响	强制
	CM3.社区影响检测	强制
	CM4.能力建设	1分

续表

标准	指标	指标性类型/附加分
社区	CM5.社区参与的最佳方式	1分
生物多样性	B1.对生物多样性的有利影响	强制
	B2.对项目边界外生物多样性的影响	强制
	B3.生物多样性影响监测	强制
	B4.使用本地种	1分
	B5.水土保持	1分
	B6.防风固沙	1分

五、CCCB标准各认证指标解析

（一）普遍性指标

1. 项目地基本情况

描述项目实施前项目地的基本状况。此项目情况与项目基线情景预测的描述一起，帮助确定项目可能产生的影响。

必须描述项目地的基本资料，包括以下内容。

（1）一般信息。

1）项目的地点及其基本的自然状况（如土壤、地质和气候等），其中气候条件应包括气象灾害（干旱、洪涝、霜冻、冰雹等）发生的强度和频率。

2）项目地的植被类型和植被状况。

3）项目地土地利用/覆盖变化的历史及其驱动因素，这是基线情景预测的基础。

（2）碳储量信息。应用政府间气候变化专门委员会（IPCC）好的做法指南和不确定性管理（IPCC GPG）、IPCC土地利用、土地利用变化和林业好的做法指南、IPCC 2006国家温室气体清单指南，或其他国际上批准的方法学测定和估计在项目开始前项目边界内的碳储量。对于CDM造林或再造林项目或未来可能实施的CDM减少毁林项目，采用的方法学必须是经CDM执行理事会事先批准的方法学。应分别以IPCCGPC-LULUCF定义的5个碳库（地上生物量、地下生物量、枯落物、粗木质残体和土壤有机碳）描述碳储量，包括不确定性评价，并应提供分层抽样和详细的采样调查方法。

（3）社区信息。

1）应用合适的方法调查和描述项目区及周边社区的状况，包括调查方法和基本的社会经济状况。

2）调查和描述项目地当前的土地利用和权属状况。

（4）生物多样性信息。

1）应用合适的方法描述项目区目前的生物多样性状况及其受到的威胁。可能情况下引用适当的参考资料予以佐证。

2）项目边界内被列入世界自然保护联盟（IUCN）红皮书的濒危物种清单，以及被列入国家和地方保护的珍稀濒危物种的清单。

2. 基线情景预测

通过土地利用的趋势分析，预测没有实施项目时，项目地的可能变化。这“无项目”的未来土地利用情景（基线情景）使我们能对项目情景和基线情景产生的可能影响进行比较。

项目开发者必须确定出“无项目”的未来土地利用情景（基线情景）及其温室气体源汇变化，包括以下内容。

（1）描述在“无项目”的情况下，最可能的土地利用情景。

1）确定和列出没有项目情况下可能的土地利用方式。

2）证明这些土地利用方式符合当前的法律和法规，或证明相关法律法规未能得到有效实施。

3）通过国家或部门政策、土地经济吸引力、障碍等的分析，确定最可能的土地利用方式。

对于CDM造林或再造林项目，应严格按照所采用的CDM执行理事会批准的基线方法学中的相关步骤来确定基线情景。

（2）根据以上所描述的土地利用情景，预测基线情景碳储量变化和重要的温室气体源排放。预测的时间框架可以是整个项目运行期、项目财务期，对CDM项目而言指计入期。基线情景碳储量变化的预测应分别依照IPCC定义的5个碳库进行。对于森林管理和CDM造林或再造林项目而言，应忽略非CO_2温室气体源排放的变化。对于森林保护项目或减少毁林项目，如果基线情景下非CO_2温室气体（CH_4，NO_2）源排放（以CO_2当量计）超过基线情景温室气体源排放或汇清除总量的2%，则必须对这部分源排放进行估计。

（3）描述基线情景下项目区的社区将如何受到影响。

（4）描述基线情景下项目区的生物多样性将如何受到影响。

（5）描述基线情景下项目区可能的水土流失情况和荒漠化情况。

3. 项目设计与目标

对项目的描述必须详尽，以使第三方能够充分地进行评价和认证。项目的运作方式必须透明，使项目和项目以外的群体能更有效地参与项目并为项目做出贡献。

项目必须满足以下标准。

（1）描述项目的范围以及项目主要的气候、社区和生物多样性目标。

（2）描述每项（如果有多项活动）项目活动及其与实现项目目标之间的关系。

（3）以图示方式描述项目的地理位置、主要项目活动发生的地点和边界，包括边界坐标。

（4）项目地的合格性描述，如项目所在国或地区的森林定义，针对第一承诺期CDM造林再造林项目，项目地必须是1990年1月1日以来的无林地；未来承诺期的造林、再造林、减少毁林、森林管理项目的基准年有可能不同。其他非京都或志愿者市场的LUCF项目也可能有不同的基准年和土地合格性要求。CDM造林或再造林项目应采用CDM执行理事会第22届会议通过的土地合格性评价程序，或任何最近更新的土地合格性评价程序。其他类似项目也可采用该程序。

（5）描述项目运行和碳计量的时间框架，包括项目运行期及其确定的依据。如果项目运行期与碳计量期不同，解释其理由。

（6）确定项目运行期内项目活动产生的气候、社区和生物多样性效益可能面临的风险，并描述项目拟采取的降低这些风险的措施。

（7）描述当地的利益群体是如何界定的，或将如何界定。

（8）通过以下方式阐述项目运行的透明度：公开并使公众可以在项目区或项目区附近获得项目有关的所有资料；如果存在不能公开的保密信息，说明保密的理由；通知当地的利益群体如何获得项目有关的资料和信息；可能的情况下，提供用当地语言描述的项目有关信息资料。

（9）描述项目拟采用的技术及其对实现项目目标的贡献。

4. 管理能力

一个项目的成功与否取决于项目实施主体的能力。

项目必须满足以下标准。

（1）描述项目实施主体在实施LUCF项目方面的经验。如果该实施主体缺乏相关的经验，项目建议方须提出如何与其他机构合作以保证该项目的顺利实施。

（2）描述项目实施主体的管理能力与项目的规模是相适应的。

（3）阐述成功实施项目必须具备的关键技术，并证明项目实施主体或其合作方掌握了这些必要的技术。

（4）阐述项目实施主体具有开展监测的能力和经验，包括气候、社区和生物多样性效益和风险的监测。如果没有这方面的能力和经验，说明如何与其他具有相关能力和经验的组织机构合作。

（5）描述项目实施主体的财务状况。

5. 土地权属

项目地不应存在严重的土地权属纠纷或项目应能从根本上帮助解决这些权属纠纷。

在项目设计过程中所提供的土地权属现状资料的基础上，项目必须满足以下标准。

（1）描述项目地的土地所有权、使用权及使用期，并依据相关的国家或部门政策，描述碳信用、木材和非木质林产品的所有权是否与土地所有权或使用权一致。

（2）未经所有者同意，确保项目不会侵害私有财产、社区财产或政府的财产。

（3）确保项目不会引起异地移民，或者任何异地移民都是100%自愿的，且能从根本上解决土地权属纠纷。

（4）描述潜在的、可能会从周边地区“迁入移民”的情况，并解释项目将如何应对。

6. 法律地位

项目必须建立在严格的法律法规基础之上，且项目必须致力于满足相关的规划和法规的要求。

在项目设计阶段，项目建议方应尽早与当地、地区和国家的主管部门联系，以尽快获得相关部门的批准。项目设计应有灵活性，以允许潜在可能发生的调整，以保证项目能够按有关规章的要求获得批准。

项目必须满足以下标准。

（1）保证项目不会违背法律或法规的要求。

（2）确保项目已经获得或将能获得相关主管部门的批准。

7. 可持续的适应性管理（加分项）

适应性管理是一种规范的、系统而严密的方法，其目的是从中学习管理行动的成果，调整必要的项目活动并改善管理。它涉及总结现有的知识，探索替代行动并对行动的结果进行预测。

适应性管理是基于生态系统和社会系统的复杂性，且本质上是无法预测的。适应性管理将土地管理行动视为学习的机会，也是潜在的系统假设试验，并找出那些有利于项目的需要调整的内容。它使得一个项目在实施过程中可以满足不断变化的或没有预见到的需求，并有助于保证项目长期目标的实现。

项目必须满足以下标准。

（1）阐明项目管理活动和监测计划是如何设计的，使其产生的可靠反馈可用于完善项目的产出。

（2）制订管理计划，载明决策、行动和产出，并在项目实施主体及其合作机构的人员中实现共享，从而保证在个别人员离开项目后，其经验可以传接下来而不是就此流失。

（3）阐明项目设计是如何具有充分的灵活性以适应潜在的变化，以及必要时对项目可以进行调整的程序。

（4）阐明一旦项目的初始投资用完后，如何保证项目产生的效益的长期可持续性。对于LUCF CDM项目，项目计入期结束后，或者TCER或ICER失效被替换后，如何保证项目效益的可持续性。可能的活动包括：以最初的项目产出为目标，设计一个新项目；收取生态系统服务费；鼓励发展小型企业；与其他机构或企业合作以继续实施可持续的LUCF项目。

8. 知识传播（加分项）

以农村社区为基础的知识对其他项目而言有重要的价值。如果积极地传播这些知识，可促进具有创新意义的实践，从而产生全球性的和地方性的效益。

项目必须满足以下标准。

（1）描述如何记载有关的或可借鉴的经验教训。

（2）描述将如何传播这些信息，以鼓励别人借鉴成功的实践经验。例如，推广已经广泛应用的研究成果；为来自其他地方的社区成员举办培训班；促进“农民与农民”之间的知识交流活动；与区域性的数据库相链接；与感兴趣的学术机构、政府和非政府组织合作以交流成功的项目活动经验。

（二）气候指标

1. 对气候的有利影响

在项目运行期内，项目必须在项目边界内产生净的大气温室气体减排增汇效益。

项目必须满足以下标准。

（1）对于CDM项目，采用的方法学必须是经CDM执行理事会事先批准的方法学。应分别依照IPCC GPG-LULUCF定义的5个碳库来估计。项目产生的碳储量的净变化等于项目情景下的碳储量变化减去基线情景下的碳储量变化。

（2）证明项目活动在项目边界内将产生净的温室气体减排或增汇效益。

2. 对项目边界外的影响

项目建议方必须定量描述并采取措施减少由项目活动引起的、发生在项目边界外的对大气温室气体浓度潜在的负面影响，即项目活动降低了项目边界外的碳储量，或增加了项目边界外的非CO_2温室气体排放（在气候变化进程中这种影响被称为“泄漏”）。

项目必须满足以下标准。

（1）估计潜在的由项目活动引起的、项目边界外碳储量的降低（排放增加或吸收减少）。

（2）估计潜在的由项目活动引起的、项目边界外非CO_2温室气体源排放的增加。

（3）阐明控制和减少上述泄漏的措施，并估计这些措施可以在多大程度上降低泄漏。

（4）从项目边界内净的温室气体减排或增汇效益中减去无法避免的泄漏。其结果必须是净的温室气体排放减少或汇清除的增加。

3. 气候影响监测

在项目启动前，项目建议方必须制订出初步的、用于量化和记载项目边界内和边界外由项目活动引起的碳储量的变化和可能的温室气体源排放的变化。该监测计划应阐明要测定和收集哪些数据、采用何种抽样方法。

由于制订一项完整的监测计划成本很高，因此在项目评估和认证阶段，计划中的一些细节还没有详细地阐述是可以接受的，特别是小规模项目更是如此。但是对于要申请注册的CDM项目，监测计划必须是详尽的。

此外，项目还要满足以下标准。制订初始监测计划，包括拟监测的碳库、非CO_2温室气体源排放的种类和监测频率。潜在的碳库包括地上生物量、地下生物量、枯落物、粗木质残体和土壤碳。被监测的碳库必须包括由项目活动引起的预期碳储量会降低的任何碳库。如果非CO_2温室气体的源排放（以CO_2当量计）可能超过项目净温室气体源排放或汇清除总量的2%，则必须进行监测。

4. 适应气候变化和气候变异

在项目设计中预见到可能的气候变化和气候变异的影响并采取适应措施的项目，更有可能长期地维持项目产生的效益。

项目必须满足以下标准。

（1）应用已有的研究资料来确定区域性气候变化和气候变异可能产生的影响。

（2）阐明项目设计已经预见到这些潜在的影响，以及项目将采取适当的措施最大限度地减少这些负面影响。

5. 留存碳信用

当某些项目产生的碳信用没有按有关市场规则的要求来出售时，则需要在其他地方采取额外的行动来满足这些要求。因此，留存项目产生的部分碳信用不在碳信用市场上出售，从总体上能带来更大的缓解气候变化的效益。

另外，还不能在有关规范市场上出售碳信用的项目（如目前不能纳入CDM的减少毁林项目），与有资格在规范市场出售碳信用的项目相比，更有机会开展减缓气候变化活动方面的试验。这样的试验可以产生新的知识，对于碳贸易规则的制定者和其他项目的开发者是很有价值的。

项目必须满足以下标准。

从项目产生的碳信用中留存出10%不在规范的温室气体市场（如CDM、新南威尔士温室气体减排市场）出售。项目可将这些碳信用在自愿者市场出售或使其失效。

（三）社区指标

1. 对社区的有利影响

项目在其运行期内必须对项目活动所涉社区的社会和经济产生有利的正面影响。此外，当地社区和其他利益相关群体应当在项目设计阶段就参与项目，使项目从设计开始就吸取了他们的意见。同时，项目应保证利益相关群体有权向项目建议方反映他们的愿望和困难，且能够得到及时反馈。

项目必须满足以下标准。

（1）使用恰当的方法来预测拟议的项目活动对社区产生的净效益。净效益预测必须包括特定的项目活动带来的社区生活的改善。该预测应当建立在一系列明确界定的、可论证的假设基础之上，即在整个项目运行期内项目活动将怎样改变当地的社会和经济状况，然后将项目情景和基线情景的社会和经济状况进行比较。两者的差异（如社区净收益）必须为正面的。

（2）记载当地利益相关群体参与项目设计的情况。如果项目在有重要的当地利益相关群体的地区实施，项目必须有广泛的利益相关群体参与，包括项目区内的子群体、无充分代表性的群体和妇女群体、当地政府和非政府组织等。在项目设计定稿之前，在项目影响范围内的利益相关群体至少应有一次机会就潜在的负面影响提出他们的顾虑和表达他们对项目产出的期望，并对项目设计提出意见和建议。项目设计者必须记录与利益相关群体的对话，且说明在这一参与的基础上，项目建议书是否得以修改完善和如何修改完善的。

2. 对项目区外社区的影响

项目建议方必须定量描述并采取措施减轻项目区外潜在的、负面的社会和经济影响，即由项目活动引起的、项目区外社区或人民的社会福利和生活水平的降低。

项目必须满足以下标准。

（1）确定项目可能导致的、对项目区外的社区潜在的负面影响。

（2）描述项目计划如何减少这些对项目区外社区的社会和经济的负面影响。

（3）通过对比项目区内由项目产生的社会和经济正面影响，评价对项目区外可能无法减轻的社会和经济的负面影响；并论证项目的社会和经济影响是积极的。

3. 社区影响监测

项目建议方必须制定初步监测计划以量化和记录项目活动引起的社会和经济状况的变化（包括项目区内外）。监测计划应指出需要测定和收集哪些数据，采用何种抽样方法来确定项目是如何影响社区的社会和经济状况的。

由于制订一个完整的社区监测计划成本很高，因此在项目评估和认证阶段，计划中的一些细节还没有详细地阐述是可以接受的，特别是对小规模项目更是如此。

此外，项目必须满足以下标准。制订关于如何选择要监测的社区变量和监测频率的初始计划。潜在的变量包括收入、健康、道路、学校、粮食安全、教育和不平等。同时对那些受项目活动负面影响的社区变量也应该进行监测。

4. 能力建设

包含重要能力建设内容的项目更有可能维持项目产生的积极成果，并在其他地方推广。项目建议方必须制订培训项目人员和相关社区成员的计划，其着眼点在于长远地提高当地的相关技能和知识水平。

项目的能力建设必须满足以下标准。

（1）满足社区的需求，而不仅仅是满足项目的需求。

（2）针对广泛的群体，而不仅仅是少数精英人物。

（3）针对妇女以促进她们的参与。

（4）旨在加强社区参与项目的实施。

5. 社区参与的最佳方式

应用最佳的方式促进社区参与的项目能使社区受益更多。最佳方式包括尊重当地的风俗，为当地的利益相关群体提供就业，保障工人的权利和工人的劳动安全等。

项目必须满足以下标准。

（1）证明在项目设计时熟知当地风俗习惯，且相关的项目活动与当地的风俗习惯是和谐相容的。

（2）表明当地的利益相关群体将获得所有的就业岗位（包括管理岗位）。项目建议方还必须解释怎样择优安排利益相关群体到合适的就业岗位；且必须说明传统上未能充分代表的利益相关群体和妇女将会得到怎样的公平机会，能够通过培训后进入就业岗位。

（3）表明项目将告知工人他们的权利，且这些权利与相关法律法规相一致。

（4）综合评估对工人的安全带来相当风险的环境和职业。制定告知工人这些风险并解释如何最大限度地降低风险的计划。当无法保障工人安全时，项目建议方必须说明如何将风险降低到最小。

（四）生物多样性指标

1. 对生物多样性的有利影响

在项目运行期内，相对于基线情景，项目必须对生物多样性产生有利的影响。项目应该对世界自然保护联盟（IUCN）红皮书所列物种，或国家和地方重点保护的珍稀濒危物种不产生负面影响。项目不能种植入侵植物物种。

遗传修饰生物体（GMO）作为一种相对较新的科学技术形式，提出了一系列有关伦理、科学和社会经济学问题。一些GMO的属性会引发入侵基因和物种。将来也许会证明某些GMO是安全的，然而，鉴于目前尚存在争论，项目不能使用GMO。

项目必须满足以下标准。

（1）运用恰当的方法估计由项目活动引起的生物多样性的变化。该估计必须建立在有明确定义和可论证的假设基础之上。然后对项目情景和基线情景的生物多样性进行比较。相对于基线情景而言，项目情景应有利于生物多样性保护。

（2）描述项目使用的外来物种对区域环境可能产生的负面影响，包括对本地物种的影响、疾病传入或激活。如果这些影响涉及重要的生物多样性或其他环境，项目建议方必须论证项目使用外来物种而不使用本地物种的必要性。

（3）描述项目将使用的所有物种，并说明这些物种不属于已知的入侵物种。

（4）保证项目不使用GMO。

2. 对项目边界外生物多样性的影响

项目建议方应定量描述并采取必要的措施减轻对项目边界外的生物多样性可能产生的负面影响，即由于项目活动的开展导致项目边界外的生物多样性减少。

项目必须满足以下标准。

（1）确定项目可能引起的对项目边界外生物多样性的潜在负面影响。

（2）描述项目拟如何减少对项目边界外生物多样性的负面影响。

（3）通过对比由项目产生的项目区内生物多样性效益，评估可能存在且无法减轻的对项目区外生物多样性的负面影响。论证并表明项目对生物多样性保护的影响是积极有利的。

3. 生物多样性影响监测

项目建议方必须制定初步的监测计划来量化和记载由项目活动引起的项目边界内和边界外生物多样性的变化情况。监测计划应明确说明需要测定和收集哪些数据，采用何种抽样调查方法。

由于制订一个完整的生物多样性监测计划成本比较高，因此在项目评估和认证阶段，如果监测计划中的一些细节还不能在设计阶段详细地阐述，是可以接受的，特别是对于小规模的项目更是如此。

此外，项目必须满足以下标准。制定关于如何选择要监测的生物多样性指标和监测频率的初始计划。潜在的指标包括物种的丰富度和多样性、景观的连通性、森林破碎状况、生境及其多样性等。对那些受项目活动负面影响的其他生物多样性指标也应该进行监测。

4. 使用本地种

在大多数情况下，一个地区的本地物种比外来物种有更好的生物多样性效益。有时，外来物种在退化土地恢复、生物量增长以及木材、果品和其他效益方面比本地物种效果更好。例如，在严重退化的土地上实施的项目，在本地物种进入之前，可能需要使用外来物种实现生态恢复，然后才能逐步引入本地物种。如果外来引进种在本地区栽培至少50年以上或一个世代的时间，且未发现其具有入侵种的特征或没有自我繁殖能力，则可视同本地物种。

项目必须满足以下标准。

（1）表明项目仅使用本地物种。

（2）论证项目使用的任何外来物种在生物多样性效益方面优于本地物种。例如，在退化土地上本地物种难以生长，或者用外来物种可能生产更多更好的薪材以降低采伐对原始林的压力。

（3）论证外来物种已在项目区引种至少50年以上或至少一个世代，且未发现该引进物种具有任何入侵物种的特征或没有自我繁殖能力。

5. 水土保持（加分项）

随着时间的推移，气候变化与其他因素可能会增加项目地水土流失。项目应当提高水土保持效益，降低水土流失。

项目必须满足以下标准。

（1）确定能增强水土保持的项目活动。

（2）应用具有充分因果关系的假设和相关研究证明，与基线情景相比，项目活动能减轻水土流失状况。

6. 防风固沙（加分项）

气候变化和人为活动还可能引起项目地风沙危害和荒漠化程度加重。因此，相对于基线情景，项目活动应有利于防风固沙或减轻荒漠化危害。

项目必须满足以下标准。

（1）确定能减轻项目地的风沙危害或荒漠化程度的项目活动。

（2）应用具有充分因果关系的假设和相关研究证明，与基线情景相比，项目活动会减轻风沙危害或荒漠化程度。

第二节　项目边界、碳库选择及基线的确定

一、项目边界及其确定

项目边界是指开展碳汇造林项目活动的地理范围，也指项目活动引起的碳吸收和碳排放的界限，包括基线的所有排放源。如果一个碳汇造林项目涉及若干个不同的造林地块，则每个造林地块都应有确定的地理边界，该碳汇造林项目的边界不包括各个造林地块之间的土地。项目边界应从其物理工程边界算起，扩大到与其相连的各种能源网络等。

林业碳汇项目的边界可采用生态承载力方法来确定。生态承载力是自然系统调节能力的客观反映，代表着自然系统自我维持生态平衡的功能。生态承载力中的各生态系统的R点值，可作为森林自然生态系统生态承载力的限值。因此，可从森林生态承载力的角度，根据林业碳汇项目所在的生态地区、本底情况、历史数据和现场监测成果，参考并使用R点值，用于确定林业碳汇项目的边界，从而使林业碳汇项目的边界覆盖在项目参与方控制下的、数量可观并可合理地归因于该项目活动引起的所有温室气体源人为排放量。

二、碳库选择

林业碳汇项目区碳库分为地上部分碳库和地下部分碳库，也可分为地上生物量、地下生物量、枯死木、枯落物和土壤碳库等5个部分碳库。从理论上说，造林项目的碳汇计量包括了对这5个碳库的碳储存量和变化量进行估算。

联合国气候变化框架公约（UNFCCC）规定CDM活动所引起的排放减少或汇清除必须是透明的、可证实的和可核查的，这就要求对这些活动引起的结果进行科学评价和监测。因此，碳汇储量的计量测定是研究土地利用、土地利用变化和林业活动碳源碳汇功能的主要手段之一。实际上，对一个特定的林业碳汇项目，在项目设计时，参与方可以选择忽略一个或多个碳库，但需提供透明的和可核查的信息，证明该选择不会引起预期的人为净温室气体增加，并要在项目设计文件中予以明确。

例如，在基线调查时，可结合实地调查情况，确定项目区碳库分为地上部分碳库和地下部分碳库，其中地上部分碳库分为灌木层碳库和草本层碳库，土壤有机碳库则可不予计量。

第三节　碳汇造林技术要点

一、造林技术标准

林业碳汇项目执行的规范性引用文件主要包括：

· GB/T15776—2006造林技术规程。

· LY/T1607—2003造林作业设计规程。

· GB/T18337.3生态公益林建设技术规程。

· GB6000—1999主要造林树种苗木质量分级。

· GB7908林木种子质量分级。

· LY/T1000容器育苗技术。

二、碳汇造林技术要点

（一）碳汇造林调查

基线调查的基础上，按照LY/11607—2003规定的具体程序和内容编制造林作业设计，将相应的造林技术措施落实到造林小班。

碳汇造林作业设计应按照减少造林活动造成的碳排放和碳泄漏的要求，针对整地方式、造林栽植、施肥、抚育管护等内容提出相应的措施。

对造林地中的极小种群、珍稀濒危动植物保护小区要设计特别的保护措施。

造林实施单位原则上要将造林小班描绘到1：10000的地形图上，并完成造林小班信息数字化，满足可查询、可修订的碳汇造林管理地理信息系统相关基础数据的要求。碳汇造林管理地理信息系统的具体要求另行制定。

（二）造林方法与技术

1. 种子和苗木

碳汇造林种子和苗木标准执行GB6000—1999、GB7908、GB1000、GB/T15776—2006的规定。

碳汇造林优先采用就地育苗或就近调苗，减少长距离运苗等活动造成的碳泄漏。

2. 造林技术

（1）一般规定。碳汇造林宜采用人工植苗造林，生物学特性有特殊要求的树种可采用直播造林或分植造林。

（2）整地。执行GB/T15776—2006的规定。

禁止全垦整地和炼山。对造林地的原生散生树木应加以保护，对灌木或草本植物尽量保留，在山脚、山顶应保留10～20m宽的原生植被保护带。

对造林地中的极小种群、珍稀濒危动植物保护小区不得进行造林整地，并保留适当宽度的缓冲保护带。

（3）栽植密度和种植点配置。执行GB/T15776—2006的规定。

（4）种苗处理和施肥。执行GB/T15776—2006的规定。

碳汇造林提倡施用有机肥。

（5）栽植和播种。执行GB/T15776—2006的规定。

（三）检查验收

1. 一般规定

造林施工前对作业设计进行检查，发现问题及时纠正。造林施工期间，造林项目管理单位要对各项作业随时进行检查监督，严格按照作业设计规定的措施施工，减少碳泄漏。造林结束后一年或一个生长季后对造林成活率进行检查，造林3 ~ 5年后进行成林验收和造林保存率检查。

2. 检查内容和方法

（1）造林作业设计。按照造林作业设计，逐个小班进行核实。检查碳汇造林作业设计是否符合“碳汇造林调查和作业设计”的要求。

（2）造林面积。执行GB/T15776—2006（造林技术规程）的规定。

（3）造林成活率。执行GB/T15776—2006（造林技术规程）的规定。

（4）造林作业质量。检查造林是否按照作业设计和减少碳泄漏的要求进行施工。

（5）未成林林业有害生物发生情况。执行GB/T15776—2006（造林技术规程）的规定。

（6）生态公益林混交林比例。执行GB/T15776—2006（造林技术规程）的规定。

3. 检查验收结果评价

（1）评价指标和标准。造林面积核实率：执行GB/T15776—2006（造林技术规程）的规定。造林合格：执行GB/T15776—2006（造林技术规程）的规定。造林综合合格：除执行GB/T15776—2006（造林技术规程）的规定外，对《碳汇造林项目碳汇计量所需参数记录表》进行了完整记录的方为合格。

（2）结果评定。造林合格面积和造林合格率：达到GB/T15776—2006（造林技术规程）标准的造林面积为造林合格面积。计算方法执行GB/T15776—2006（造林技术规程）的规定。

造林综合合格面积和造林综合合格率：执行GB/T15776—2006（造林技术规程）的规定。

如果没有填写《碳汇造林项目碳汇计量所需参数记录表》或者记录不完整，则综合合格率为零。

（3）成林验收和造林面积保存率。执行GB/T15776—2006（造林技术规程）的规定。

（四）技术档案

技术档案的主要内容有：

（1）实施单位应建立完整的技术档案，专人负责，长期保存。

（2）碳汇造林档案主要内容：除执行GB/T15776—2006（造林技术规程）的规定，还应包括碳汇造林项目实施方案，造林作业设计文件、基线调查表、碳汇计量参数记录表，造林地权属证书复印件，碳汇造林项目任务批准通知书，其他相关资料及相应的电子文档和地理信息管理系统。

第四节　林业碳汇项目的合格性评判

一、中国绿色碳基金碳汇项目造林活动的合格性要求

《中国绿色碳基金碳汇项目造林技术暂行规定》第7、8条对碳汇项目的合格性进行了规定，大致归纳如下。

（一）基本原则

碳汇项目造林应当以营造生态公益林为主。项目实施地点应当在注重适地适树原则下，优先考虑生态区位重要和生态环境脆弱地区，如大江大河源头、重要水库周围、西部风沙源、革命老区、贫困地区和石油、煤炭开采矿区等。

（二）具体条件

具体条件分别有：

（1）2000年1月1日以前或2000年1月1日以来的无林地。

（2）不具有商业竞争力、存在一定造林技术难度、不具备天然更新能力的土地。

（3）适宜树木生长，相对集中连片，预期能发挥较大的碳汇功能。

（4）有助于促进当地生物多样性保护、控制水土流失、促进地方经济社会发展等多种效益。

（5）近5～10年内尚不能纳入国家造林计划。

（6）造林地权属清晰，具有当地政府部门核发的土地使用权证书。当地群众具有参与项目造林的积极性，具备开展项目活动的组织、劳力和技术保障。

二、项目造林地合格性的证明

综合上面规定，项目实施主体应在林业碳汇项目设计、可行性研究时，提供相关证据，证明项目地自2000年1月1日以来一直为无林地。

（一）证明项目地为无林地的相关证据

证明项目地在1999年和项目开始前均为无林地，需要证明的指标主要包括以下方面。

（1）植被覆盖不满足森林定义的阈值，即最低林木冠层覆盖度为

20%，最小面积为0.067hm^2，最低树高为2m。

（2）不是人工林或天然林、未成林造林地。

（3）项目造林地现有的散生木到生长成熟时，其树冠覆盖度作用为20%。

（4）项目造林地不是采伐迹地或火烧迹地。

（5）项目造林地不具备天然更新能力，或在基线情景下通过天然更新成为有林地。

（二）证明项目造林地合格性的证据

为证明项目土地的合格性，项目实施主体（单位）、项目参与方需提供以下证据。

（1）不同时段的土地利用图、土地覆盖图、森林分布图、林相图等。

（2）不同时段的航空照片、卫星影像或其他空间数据。

（3）项目地实地调查报告、土地登记册和林权证等。

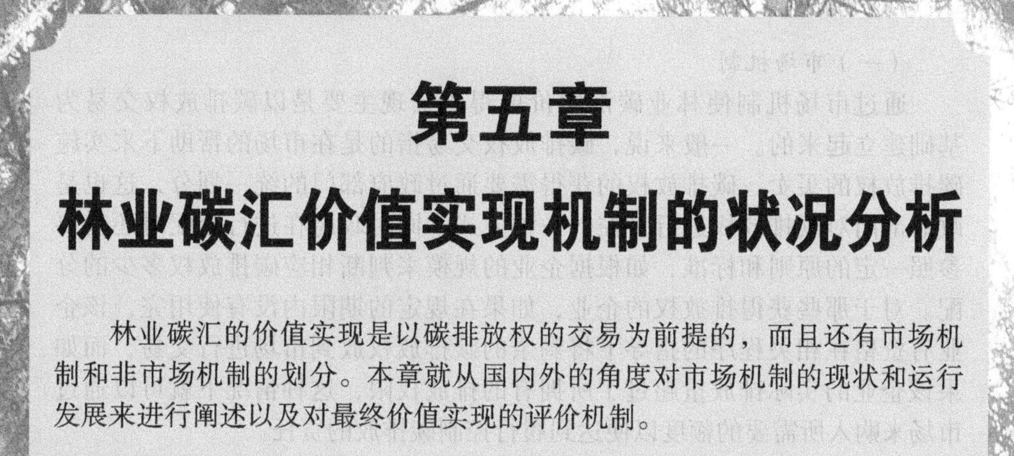

第五章
林业碳汇价值实现机制的状况分析

林业碳汇的价值实现是以碳排放权的交易为前提的，而且还有市场机制和非市场机制的划分。本章就从国内外的角度对市场机制的现状和运行发展来进行阐述以及对最终价值实现的评价机制。

第一节　机制分类

一、机制分类

（一）市场机制

通过市场机制使林业碳汇的价值得以实现主要是以碳排放权交易为基础建立起来的。一般来说，碳排放权交易指的是在市场的帮助下来实施碳排放权的买卖。碳排放权的获得需要通过政府部门的统一划分，这也是政府部门对碳排放权进行管控的一种方式。同时政府在进行分配时还需要参照一定的原则和标准，如根据企业的规模来判断相应碳排放权多少的分配。对于那些获得排放权的企业，如果在规定的期限内没有使用完，该企业有资格在相关程序的指导下将剩余的碳排放权放到市场进行交易，而如果该企业的实际排放量超过了所拥有的排放权限，这种情况下就可以通过市场来购入所需要的额度以便达到履行控制碳排放的责任。

通常，碳市场也被称为碳权市场，同时也是进行碳排放权交易的场所。按照是否承担国际强制减排任务，世界上的碳市场可以划分为强制减排市场和自愿减排市场两种。其中，强制减排市场又可以细分为基于配额进行的交易和基于项目进行的交易两种形式。基于配额的交易通常是一种现货交易，指的是在“限量与贸易”体制下所进行的碳排放权的买卖活动。这里涉及的碳排放权指的是经过管理者制定所分配下来的减排配额，比较常见的有欧盟排放交易体系下的EUAs碳权和AUUs（《京都议定书》下的分配数量单位），这两者都可以看成是减排配额的一种。基于项目的交易则是一种期货交易，这一减排项目的交易需要的方与碳权需求者两方面的共同参与，需要购买的是项目未来减排的碳减量，典型代表就是CDM（清洁发展机制）下的排放减量权证的交易。

同时，基于CDM的林业碳汇的交易也是基于项目交易的一种，在这一交易体系的支持下，一些发达国家通过资助或参与林业碳汇项目，然后获得一定份额的未来碳汇量以便对其进行的超额工业排放进行抵消，而这里所说的碳汇量需要经过第三方核证，只有这样才是有效的。而我们通常将经过第三方核证的减排量称为CER（核证减排量）。另外，REDD+项目（减少毁林和森林退化导致的碳排放）也参与了碳抵消机制。

此外，与强制减排市场对应的是自愿市场，这一市场别具行业特色和区域特色，它们主要以一些非"京都规则"或以体现企业社会责任为目的，而且目前还没有形成完全统一的目标准则来作为支撑，其参与方包括一些大型的企业或者机构资源。构成林业碳汇交易的自愿市场主要包括大量的场外交易、美国的芝加哥气候交易所（2011年倒闭）和西部气候倡议等。其中比较具有代表性的交易平台是新加坡的亚洲碳交易所。

（二）非市场机制

有些国家主要是通过政府职能等非市场机制来使林业碳汇的价值得以实现。其中，比较常见的和具有代表性的做法就是国家财政补偿，该机制的一种做法就是从国家减排基金中挪用一部分资金直接用于购买农民手中所储存的碳汇。澳大利亚就采用了这种方法，如2013年的艾伯特政府为了购买农民手中未来3年的碳汇，就从国家设有的减排基金中拨出15.5亿澳元用于这笔支出。另一种方式就是通过对保护森林的成本给予适当补偿，而资金来源依旧是政府财政，如1989年新西兰政府就对5.5万个新西兰单位给予了一次性补偿。

另外，还可以将市场与非市场机制进行融合，采用两者并存的方式来实现林业碳汇价值，如新西兰和澳大利亚。

第二节　国内外机制的现状分析

一、国外

（一）基本情况

1. 强制市场

截至2014年12月，全世界建立的CDM项目一共达到8973个，其中经过注册的仅有55个占到总项目的0.6%左右。不过，林业碳汇项目的另一种形式是以REDD+为载体的，但是目前这一类项目的交易体制还没有统一的国际标准作为支撑。因此主要应用于拉丁美洲的一些发展中国家，这些地区原始森林和热带雨林等资源都比较丰富，而且急需有效的经营管理活动来对其进行引导，防止森林资源的退化以及破坏，这样做使森林资源得到管理的同时也使碳汇得到一定程度增加。

如图5-1所示，以2011—2013年为例来对全球的林业碳汇项目进行比较，从图中我们可以看出强制市场2011年的CO_2当量为7.3百万吨，2012年为1百万吨，2013年为4百万吨，而交易量却是逐年递减的。从交易额来看，强制市场2011年为51.5百万美元，2012年为18.1百万美元，2013年为52.4百万美元，具体如图5-2所示。我们可以看出强制市场的交易规模呈现的是缩小的趋势，交易单价也没有明显上升，具体如图5-3所示。

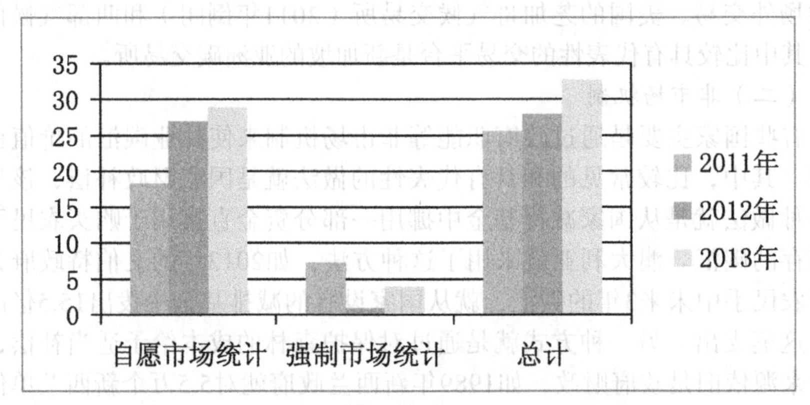

图5-1 2011年—2013年全球林业碳汇项目交易量（百万吨）

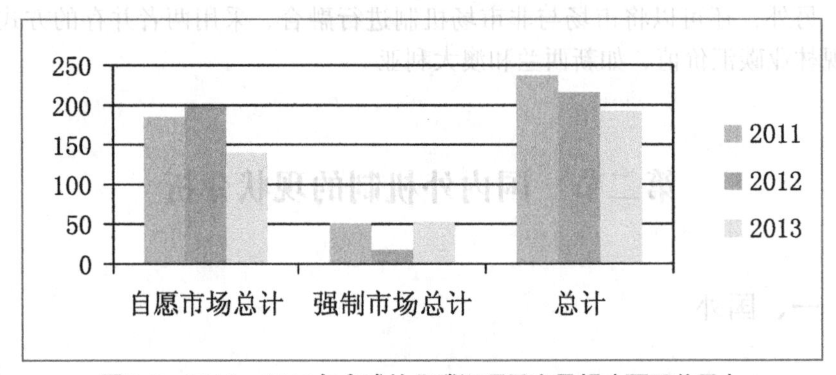

图5-2 2011—2013年全球林业碳汇项目交易额（百万美元）

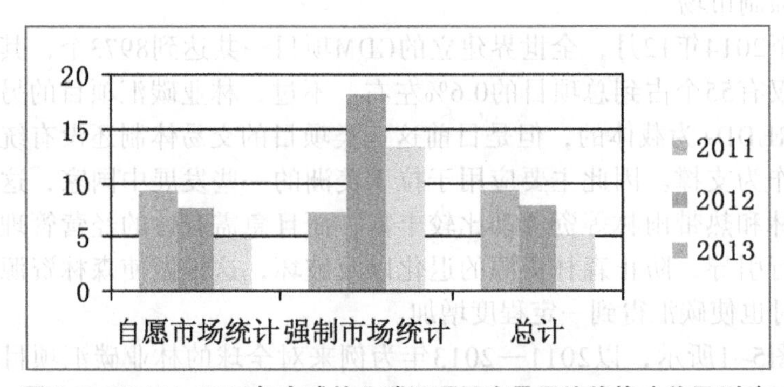

图5-3 2011—2013年全球林业碳汇项目交易平均价格（美元/吨）

2. 自愿市场

在自愿市场进行交易的林业碳汇需要认证，否则所进行的交易就是无效的。目前，在国际碳市场中几乎有超过98%的林业碳汇项目都已经经过相关标准认证或还在进行中。只不过不同地区的自愿市场的认证标准是存在一定差异的，从目前全球范围来说，实施的林业碳汇的认证标准就有20个之多，如自愿碳减排标准（VCS）、气候社区生物多样性标准（CCB）、森林可持续管理碳标准（FSC）、碳农场倡议（CFI）、CCX等。其中，在众多的认证标准中，自愿碳减排标准是应用最多的也是最广泛的。据统计，2012年就有1570万tco_2-e交易的碳汇是通过VCS认证的，占到市场总认证量的一半以上，需要特别提出的是其中有77.7%采用的是VCS和CCB的双重认证标准来进行保驾护航。2013年有14600万tco_2-e交易的碳汇是通过VCS认证的，占市场总量的46%；另外，在该年交易1630万tco_2-e中，有81%的交易采用的是CCB/FSC的双重认证标准。

目前世界范围内的主流趋势是对林业碳汇项目所产生的额外环境和社会经济效益进行认证。只不过由于认证标准的不统一，多重认证得到较普遍的运用，经过多重认证的碳汇项目的碳汇价格会相应地提高。由于政策的不断变革，以及林业碳汇的项目类型发生着变化，造林等方法的不断探索，导致林业碳汇的认证标准还在不断变化和发展。

从前面的图5-1可以看出，2011—2013年全球林业碳汇项目在自愿市场的交易量分别为18.3百万tco_2-e、27百万tco_2-e、29百万tco_2-e。交易额在2011—2013年分别为185百万美元、118百万美元、140百万美元，如图5-2所示，此时表现出的却是下降的。自愿市场的交易规模近年来虽在不断增加，但其平均交易价格却在降低，如图5-3所示。

3. 总体特点

首先，从供给方与需求方来说，需求主体规模有限，供给主体也在比较小的范围内。林业碳汇的供给方主要是林业项目生产者，目前的林业碳汇项目占整个碳权市场的份额相当有限，主要以工业节能减排的碳权为主；林业碳汇的购买方主要是有节能减排任务的国际、国内的大中小型的企业，如能源行业的企业、食品饮料行业企业、交通领域的企业、农林业部门、零售业部门，还有一部分是作为中介参与的如金融保险业等。从2012年和2013年购买方的购买动机来看，碳汇购买方购买碳汇的原因主要集中在这样几个方面：完成减排任务的强制市场需求、履行企业社会责任、示范行业领导力等。

其次，从林业碳汇的交易来看，交易量上升，交易价格呈现波浪式发展的状态。2013年全球林业碳汇交易量为3270万tco_2-e。比2012年增加

17%，交易量在持续上升。从交易总价格来看，2013年交易额为1.92亿美元，累计交易额突破10亿美元。尽管全球对林业碳汇的需求在上升，但交易价格下降趋势明显，与全球碳价下跌趋势一致。根据图5-1、图5-2、图5-3的数据可以判断出。

再次，从碳汇项目的主要类型看，REDD+项目逐渐占主导。由图5-4的数据可判断出，2013年的REDD+项目交易量是2012年的3倍，在2013年的碳汇交易中有一半以上的碳汇交易量是REDD+项目的，REDD+项目的交易量累计达到2470万tco_2-e，项目已经覆盖了大约2000万hm^2领土面积，这个面积与马来西亚的森林面积不相上下。

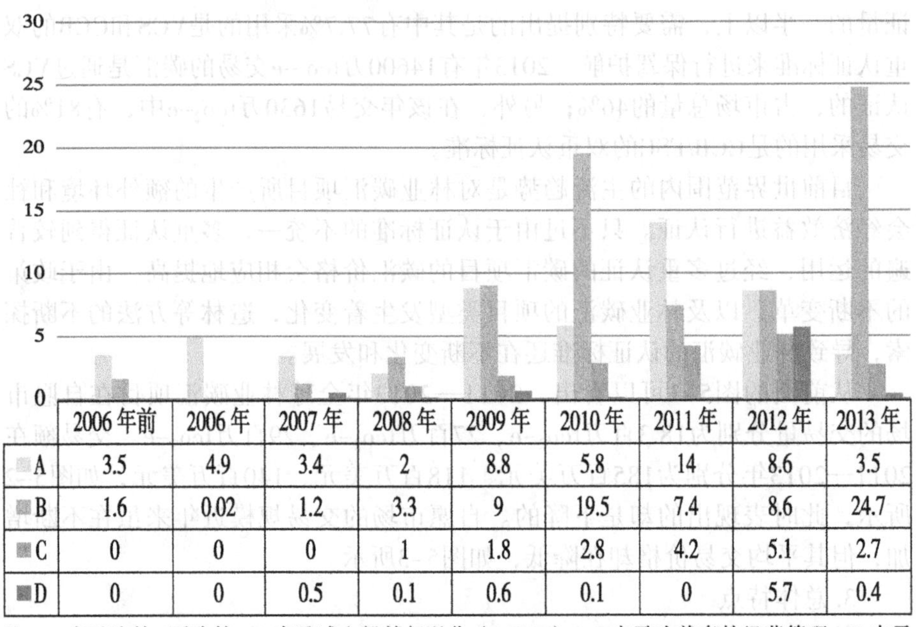

	2006年前	2006年	2007年	2008年	2009年	2010年	2011年	2012年	2013年
A	3.5	4.9	3.4	2	8.8	5.8	14	8.6	3.5
B	1.6	0.02	1.2	3.3	9	19.5	7.4	8.6	24.7
C	0	0	0	1	1.8	2.8	4.2	5.1	2.7
D	0	0	0.5	0.1	0.6	0.1	0	5.7	0.4

注：A表示造林/再造林，B表示减少毁林与退化（REDD），C表示改善森林经营管理，D表示农业/混农林业/草地管理等。

图5-4　全球不同类型林业碳汇项目年度交易量（百万tco_2-e）

最后，从碳汇市场的发展来看，自愿市场发展趋好。由于经济不景气、气候谈判的复杂性等原因，近年来的全球资源碳市场的平均交易价格、交易额、交易量都表现出了逐年下降的趋势，只是林业碳汇交易在自愿碳市场中所占的交易量比重却是逐渐上涨的：2011—2013年，全球林业碳汇交易量在自愿碳市场中所占的份额分别为26%、39%、27%、18%、43.03%；林业碳汇的交易额在自愿碳市场中的占有比例分别为40%、41%、41%、26%、50%、69%。2012年，自愿碳市场的碳汇交易量最高的来自可再生能源项目，林业碳汇项目的碳汇交易量位居第二，到了2013年，林业碳汇项目的市场交易量已经大幅度超过来自可再生能源项目的碳权并位居第一，市场对于林业碳汇的需求旺盛。

二、典型国家的做法

（一）韩国

在全球经济发达的国家当中，韩国国民经济发展速度逐步加快，但随之带来的却是空气环境的污染，温室气体排放量逐年增加，排放总量在全球国家当中位列第九，产生温室气体的增长速率排在所有国家当中首位。在我国举办的会议当中各国签订的《京都协议书》中，虽然规定必须减少温室气体排放的国家当中不包括韩国，但是一方面是环境的污染压力，另一方面是国际减排的压力，韩国政府需为应对气候变化采取行动。韩国政府在2010年提出的“森林碳汇抵消计划”是采取的措施之一。该计划分为3部分：第一部分是积极参与国际林业CDM项目，积极为国内的林业CDM项目寻找国际有减排义务的需求方或买家来韩国投资、购买林业碳汇项目；第二部分是积极倡导对于森林的可持续经济管理行动的开展，以此提高碳汇能力；第三部分是对于开展了森林碳汇项目的一系列补偿制度及措施。于2010年，韩国政府部门制定了“温室气体减排管理法”的相关规定。按照管理法的规定制度，政府部门开始对国内企业的废气排放和能源消耗情况进行强制管控，这些被管制的企业主要是大型实体企业。综合以上情况可知：韩国政府的行动主要体现在两个方面，一方面对部分企业规定碳排放量限制，另一方面是促进碳汇减排的市场交易。

为了推进森林碳汇补偿项目的开发，韩国政府或立了专门的行政机构和验证机构。根据职能的不同，行政机构和验证机构共设立有3种。第一种是负责森林碳汇项目的申请与注册的机构，该机构的工作是开展森林碳汇项目补偿的基础，机构名称一般是碳汇补偿中心；第二种是负责森林碳汇项目产品的验证、碳汇有效期的核算等工作，该机构的工作是开展森林碳汇项目补偿的核心工作；第三种是补偿委员会，该机构的主要职能是对森林碳汇项目做出准确的补偿额度，该部门的工作为森林碳汇项目的进展提供了保障，该机构的人员需要森林补偿专家达到10人或以上才可以正式运作。

森林碳汇项目补偿认证过程的程序是：额度申请—提交项目有限期—碳汇项目实施—前期的补偿—项目监测—网上认证和续约。整个过程可以通过网络申请完成，网络服务是职能部门特意开通的专用通道，详细的申请过程，如图5-5所示。简单来讲，整个项目的完成分为三步：第一阶段是项目的准备工作；第二阶段是项目的实施开工；第三阶段是项目后期的续约。整个项目也可以概括为前、中、后期三个阶段。前期主要是为项目的实施进行准备工作，在完成这个阶段的工作时需要碳汇被补偿方准备相关的项目设计书，在完成项目设计文件后需要将该文件交给碳汇补偿部门进行申请批准，另一方面要将文件中涉及项目有效期的核算和项目验证的工作需要递交给有关验证部门进行验证审查，等待部门验证通过后，部门会提供一份项目合格证明，带着审核信息就可以去碳汇项目补偿机构申请对该森林碳汇补偿项目进行注册。接下来是项目的开工阶段，该阶段的主要工作就是进行碳汇的监测和审查，通过检测碳汇项目完成的情况，最终确定碳汇项目应有的补偿金额。项目后期的工作就是对项目进行续约续期，能否续约补偿期限要经过国家部门的审核才能确定。

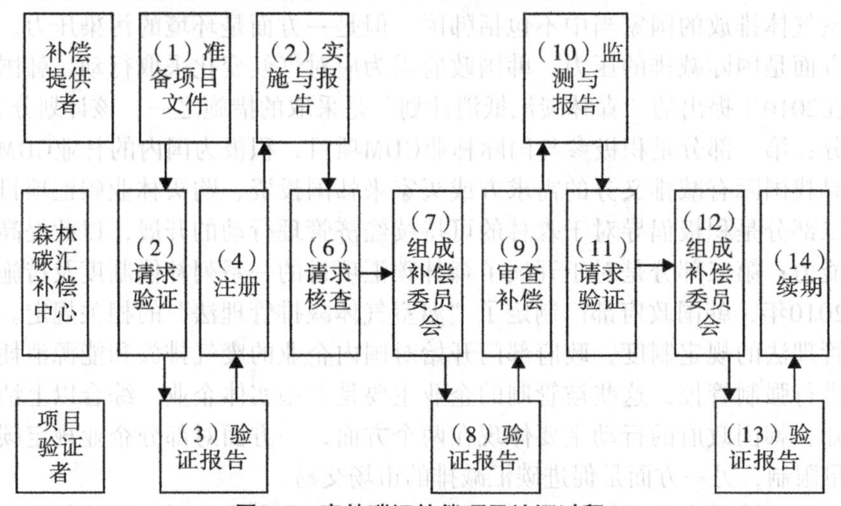

图5-5　森林碳汇补偿项目认证过程

韩国政府的碳排放额度是如何确定的呢？韩国现阶段碳排放总量为2.5万tco_2-e，允许碳排放量为2万tco_2-e，这5000t的差额就是要减少的碳排放额度，通过这种差额规定确定了碳排放额度。那么这些减少的碳排放额度被分配在哪些领域呢？据韩国政府报道，在需要减少的5000t温室气体当中，通过科学技术达到排放标准的减排措施只能减少3000tco_2-e排放量。随着科学研发投入越来越大，韩国经济的承受能力越来越低，再加上科研技术的瓶颈尚未解决，使该方法的减排能力变得脆弱。剩下的2000tco_2-e可以借助森林碳汇项目达到减排的目标，可以大大降低减排的经济成本。在韩国当地林木产业结构十分清晰，在韩国所有林业面积中大约70%的森林都是私人所有，这就为碳汇项目补偿的工作创造了非常便利的条件。众所周知，韩国国土面积很小，树木种植面积十分有限，这就为减排项目带来巨大困扰，在一定程度上限制了林业碳汇项目的实施，影响了减排指标的实施。

（二）PCT

在全球各国的减缓气候和适应气候变化的发展当中，各国政府开始建立一种特殊基金——碳基金。在这些成立的基金当中，在世界上做出巨大贡献的有德国碳基金、美国碳基金、日本碳基金和法国碳基金等，这些基金的成立有效减缓了气候变化。在2008年3月，加拿大BC政府出资成了一家从事碳汇交易的国有企业，并且该公司还建立了一项新的基金——PTC。PTC的简称为太平洋碳信托基金，该基金的法人代表是加拿大BC政府，其掌控着整个公司的股权。“气候行动计划”是为了实施《温室气体减排目标法案》的相关规定或任务而制订的，该计划于2007年由加拿大英属哥伦比亚省政府制订，拟于2008年执行。《气候行动计划》的相关规定主要是针对公共部门，该计划的主要内容有两个方面：一是减排目标，三年内国家政府单位要全部实现碳中和，2020年之前要完成33.5%的废气减排目标，清洁电力生产达到93%；二是具体的措施，要求公共部门设定碳排放量的额度限制，要求公共部门公开其减排计划及行动，允许碳中和行动，比如投资于可以进行减排碳中和的项目，完成碳中和的目标。省政府为了快速推进减排项目的进度，省政府从2008年就开始，不断增加投资金额，第一轮提供了2150万加元的项目资金。2010年，在所有减排目标当中，BC省政府部门投资1820万加元项目费用，从PTC购买了73万吨碳权，从而实现了政府部门的碳中和目标，成为北美地区第一个完成碳中和的政府部门。

在全球所有的碳基金运营模式中，基本都是大同小异，其中PTC是典型的代表。其实PTC部门的主要作用是牵线搭桥，帮助社会各界部门完成碳中和指标，将其获得的碳权再次进行出售。PTC为了更好地管理，成立之初就设立了不同的职能部门，共有3类。这些职能部门分别是战略收购部，其主要职能是选择合适的项目开发商以及合作商进行合作，合作的主要方式是为合作者提供专业技术指导与支持，对开发商和合作者的合格碳权指标进行购买；商业发展部，该部门的主要工作就是更好地与客户或供应商进行信息交流，挖掘新客户，维护老客户，保持良好的互动关系。拓展商业模式，完成公司内部相关培训，并且将公司的优势进行大力宣传，扩大其市场影响力；市场运营部，主要工作是完成相关的市场计划安排，制定市场目标不断开发新市场，扩展市场渠道，最主要的工作就是将BC省的碳权交易平台完成网上登录，将其购买的PTC碳权和社会中的公共部门进行出售交易，帮助其内部完成碳中和指标，促进减排项目的完成。PCT经营的碳权项目主要分布在以温哥华为中心的全省各地；这些碳权项目主要有3类，包括林业碳汇项目、使用可再生能源项目、提高能源项目；这些碳权项目以林业碳汇项目最多，占到60%左右，其他两项各占20%左右。

为了使碳基金能够规范地运作，能够达到BC省的相关规定和实现其设立碳基金的目的，PTC制定了项目指南和项目开发规则，来帮助碳汇项目的顺利执行。这些规则和要求包括4项检查、6项标准以及其他方面。4项检查是指在项目开始前，项目开发商必须根据《BC省碳权交易条例》（后称《条例》）进行4项检查，即对项目基线的开始时间、碳权的范围、碳汇的产权、碳中和的范围等相关方面进行检查，具体内容见表5-1。如果4项检查完全满足，那么接下来项目开发商还需检查自己的项目是否符合《条例》的6条标准，即范围、基线要求、方法学、额外性、核证、排他性等标准要求，具体内容见表5-2。对于购买来自PCT的林业碳汇项目碳权需求方，一方面要满足上述《条例》所规定的6条标准以及4项检查，另一方面还必须遵循《BC省森林碳权议定书》的相关要求。另外，一般所讲的林业碳汇项目只是一个统称，实质上是包含四大类的，分别为造林项目、改善林业管理项目、再造林项目和减少森林毁坏项目。

表5-1《BC省碳权交易条例》要求在项目开始前的4项检查

检查项目	内容
①项目开始时间的规定	2007年11月29日之后
②碳权的范围的规定	必须是在BC省内所产生的碳权
③碳权的核定	项目开发商拥有碳权，且碳权清晰
④碳中和范围的规定	自水力发电项目除外

表5-2 《BC省碳权交易条例》要求在项目开始前的6条标准

项目标准	内容
①范围	温室气体的种类：《京都议定书》认定的6种GHG 计量单位：以CO_2当量（tco_2-e）进行计算 温室气体的区域来源：BC省内 项目来源：包括森林碳汇
②基线要求	项目开发商按照《条例》规定的要求实施 来自项目的减排量必须可测量、可报告、可核查
③方法学	项目开发商必须提供项目的方法学 提供项目产生的减排量的计算公式及计算过程
④额外性	对项目产生的减排量要用有无对比来确定其额外性 确定项目实施的经济额外性、技术额外性等

续表

项目标准	内容
⑤核证	核证机构：独立第三方 核证内容：项目计划，项目报告 核证依据：《条例》
⑥排他性	有限的碳权是没有用于其他碳中和用途的碳权 碳减排量不能重复计算

（三）新西兰

新西兰是《京都议定书》以及《联合国气候变化框架公约》中的签约方，必须承担起应有的减排义务，采取有效的方式完成减排目标。新西兰国家为了兑现承诺，在其国家成立了一个碳交易中心。但是，它的碳市场运营方式和他国有些不同，属于“限额和交易”模式。其中在新西兰的碳交易市场体系中，林业碳汇项目占据着主导地位，充当着领头羊的作用。国家的制定方针不同，较早之前新西兰的林业项目就可以在碳汇项目中领取到国家补偿款，在世界各国中起到了带头作用。由于在新西兰国家林业参与碳汇项目没有限制规定，更好地促进了国家完成减排的目标。在新西兰国家的林业管理当中，林业进入碳市场交易一共分为7个阶段，分别是碳汇项目登记注册、碳汇林业面积的测量、碳汇项目中碳变化的核算、完成整个碳汇项目的管理工作、碳汇数据的登记入表、碳汇项目实施方申请新西兰单位和碳汇项目实施方交出新西兰单位。从大方面来看新西兰碳汇组织构成包括：确定总量限额的目标、项目参与方的统计、制定完善的交易制度、建立碳汇项目管理系统、确定管理机构、建立碳汇量的核算系统、项目违规处罚制度的确立等7项内容，完善构成体系，可以更好地帮助碳汇项目的实施。

1. 确定减排控制目标

对于减排目标，新西兰具有总量的控制目标，该目标针对的温室气体是《京都议定书》规定的所有温室气体，参与减排的部门是所有部门，但这种减排目标的实现是分阶段逐步推行的。具体的碳权是如何分配的呢？在2002年气候变化以及2008年修正案的法律基础上，新西兰设计了具有针对性的碳排放配额管理制度。该制度有两大特点，一是“无上限、买配额”的基本原则，该基本原则是以配额为主线的“无上限”指的是新西兰碳市场与欧盟碳市场虽然都属于“限量与贸易”市场模式，但与欧盟碳市场不同的是，新西兰碳市场对于碳权的交易没有规定具体的上限。如何理解有总量目标控制，在交易中没有上限制在2008—2012年的第一承诺期内，新西兰承诺的减少温室气体的“国家总目标”是将温室气体控制在3566万吨CO_2当量范围内，即与1990年的碳排放水平保持一致。但在碳市场进行交易中具体要完成的数额却没有规定，即没有“市场总量目标”，新西兰只是把碳市场作为完成减排任务的众多方式的一种。“买配额”是指采取发放免费配额，超过配额自行购买的模式。二是基于不同行业的不同特点，设计不同的配额管控原则。按照《京都议定书》规则，新西兰把碳市场管控行业分为3类：“汇清除”行业、“纯排放”行业、“基础性”行业。若是“汇清除”行业，则可以直接入市获取配额；若是“纯排放”行业，则需要的配额需要在市场上进行购买；若是“基础性”行业，则可以获得部分免费分配，超过免费配额的部分则需要在市场上购买。3类行业的具体内容见表5-3。

表5-3 新西兰碳市场的3类行业

行业	特 点	配额分配
“汇清除”行业	主要增加碳汇的行业，增加的碳汇要符合《京都议定书》的相关规则要求，这类行业对经济的影响大。林业碳汇属于该类行业，这里的林业主要是指1989年后的森林	免费+抵消
“纯排放”行业	是指碳排放量大、对经济影响小的行业。对这类行业的管制主要是降低其碳排放量。该类行业主要包括固定能源行业以及液态化石燃料行业	购买
“基础性”行业	是指碳排放量大，对经济影响也大的行业。这类行业主要是工业生产行业以及1989年前森林、农业、渔业等行业	免费+购买

新西兰在确定不同行业发放的配额时主要考虑两个方面的因素：一是部门所占经济总量与排放总量比重的高低；二是行业是否面临较大的国际竞争力。以林业部门为例，由于林业在国内经济所占权重较高并且是新西兰减缓气候变化战略的重要组成部分，所以可以“免费”进行配额补偿（1989年前森林）、也可抵消工业排放（1989年后森林），即林业是“免费”和抵消制度同时并存的受偿主体。

2. 确定碳汇市场的交易者

在新西兰的躺会管理机制中，为了完善碳汇项目的补偿制度，国家政府实施了“行业分类覆盖，市场稳步运营”的制度，借助该制度可以更好划分碳市场的参与者。简单来讲，划分市场参与者主要是从两方面进行，一方面是分类管理，分类是按照行业能否将定价转移。如果该行业在生产转移上无法实施，国家政府就会给予相应的帮助。此类行业主要是在1980

前较多，在森林、农业、养殖业和制造工业等这些领域中，排放严重超标，市场贸易暴露，这些行业从国家的补偿机制中可以领到一定的配额，但是获得的配额比例不能高于排放总量。相反，如果行业的生产可以进行转移定价，就不会领取相应的配额比例，满足可以转移定价的行业一般包括石油、化工、电力等多类部门。另一方面是进行以林业为主的行业管理，促进工作逐步推进。在新西兰2008—2015年制定的碳排放交易机制当中，所规划的交易体系包括4个阶段，分步进行完成。第一阶段，在2008年1月，完成项目启动，首先进入的行业是林木业。两年后，完成了第二阶段的启动，被覆盖的行业增加了常规能源行业、能源燃料行业和工业气体行业。2013年，进入项目的第三个阶段，新西兰国家的废物资源管理行业被收入。最后加入到碳排放交易体系的是农牧业，农牧业最后被覆盖是因为该领域所产生的温室气体总量太大，而且农牧业在新西兰的国家产业体系当中属于支柱产业，对国家的经济影响较大。2009年，在新西兰环保部门对温室气体排放总量的调查中，数据表明农牧业排放的温室气体占到整体排放量的47%，已经接近总体的一半。所以，减少农牧业的温室气体排放十分关键。

3. 规定完善的交易制度

在新西兰的碳汇交易制度里，交易规则主要表现在5个方面：一是确定交易单位的规定，新西兰规定了进行交易的统一碳单位，该交易单位是新西兰单位；二是对参与者参与碳项目的程序的规章制度的规定，其程序是先向中央注册系统申报，通过后进行登记及注册的一系列过程；三是对监管的相关规章制度的规定，它对碳交易的监管主要是全过程的跟踪记录；四是对参与方的上报制度的规定，碳项目参与方必须按要求对温室气体的减排情况如实上报，对森林增汇的情况如实汇报；五是关于新西兰单位管理规章制度的规定。按照规定如果企业产生碳排放，那么必须缴纳与之相对应的新西兰单位；如果该企业获得了碳汇，那么该企业可以获得与之相对应的新西兰单位；市场主体之间可以根据各自的情况进行新西兰单位的买卖。

4. 建立登记注册管理系统

登记注册系统是碳市场顺利运营的核心技术支撑之一，通过该系统可以获得参与碳交易的信息收集及处理，政府部门可以通过该系统对碳市场进行管理。新西兰的登记注册管理系统就是中央注册系统。中央注册系统的主要功能有4个：一是审查碳权交易参与者的身份，对参与者的审批申请进行识别；二是将碳权项目中各种账户分配给参与者，账户主要有三种，分别是碳交易账户、注册账户和持有账户；三是核算碳权交易者的碳排放情况，跟踪管理账户产生交易后的变动情况，检查退出碳市场的参与者账户实时归零的情况；四是保持与国际国内相关单位的技术连接，这些连接的网址主要是《联合国气候变化框架公约》以及国际碳市场的相关网站。

5. 明确管理部门

与碳权市场相关的管理部门有很多种，就新西兰来说，主要有4个。一是经济发展部，管理碳排放部门系统的注册是这个部门的主要职责，除此之外，还有多种职责，比如对非林业部门的入市申请进行处理，对非林业部门参与者的排放情况进行管理，还有管理非林业部门的履行情况等。二是环境部，将碳权分配给新西兰众部门是该部门的主要职责，包括非林业部门、渔业、林业部门等，从金融方面对碳市场进行预算也是该部门的职责之一。三是环境保护局，这个部门的主要职责是负责经济发展部和环境部分散工作的管理，这个职能是从2012年1月1日之后开始执行的。四是农林部。农林部在新西兰的气候变化管理中起着重要的作用，该部门主要负责农林部门参与碳市场的相关工作，具体有5大工作。第一，负责制定该部门参与碳市场交易的规则，负责分配该部门的新西兰单位。第二，负责对该部门的入市申请进行审查以及该部门参与者的排放情况报表进行处理。第三，负责对所有森林碳汇项目的管理，对全国林业碳交易计划的绩效进行评估。第四，负责林业部门参与碳市场的履约及执行的强制工作。第五，负责提供林业碳汇项目及交易的相关信息，负责给相关的参与者提供专业的咨询服务。

6. 建立碳计量核算体系

碳计量核算体系是围绕碳计量的各种工作的集合，该系统主要对碳核算区进行划定、对碳汇进行核算、对碳排放情况报表的模板进行制订以及对参与者的技术指导工作给予咨询服务。碳计量的核算一直以来是阻碍碳汇市场建设的技术障碍问题，尤其对于森林碳汇市场的建立更是如此，但新西兰把该问题解决得很好，它的技术方便且实用，其内容主要有5个方面。

（1）编制指南确定林地分类。新西兰汇编了林地的历史影像资料，对林地的分类给予了定义，对林地分类的时间界点进行了确定，以1990年为界，以1989年12月31日的林地影像资料为依据。

（2）编制林地图斑的碳核算指南。对林地进行制图，每一个图斑对应相关碳核算区，然后根据确定的碳核算区计量碳储量，最后保存于农林部，所有这些工作都由参与者自主完成，农林部给以指导。

（3）编制进行森林碳储量计量的指南。根据该指南参与者可以自行进行计量，农林部提供相应的帮助。根据指南可知有两种森林碳储量的计量方法，该方法的分类按照造林面积及时间进行。对于1990年后的森林，如果面积小于100hm²的，那么其森林碳储量的计量以速查表查表计算，该速查表是2008年气候变化林业规则提供的默认表，如果面积大于或等于100hm²，其森林碳储量的计算要根据实地测量法特制的表作为速查表来进行计量；对于1990年前的森林碳储量的计量一律不采用实地测量法。

（4）按照相应的造林方法学来决定林地碳计量的规定。按照树种及龄组的组合情况确定林地的优势树种及树龄，制定特殊的规则来计量碳储量。

（5）关于注册登记的规定。参与者需要在系统里进行登记注册，在注册持有的账户中输入相关碳储量的数据及其变化情况。上面每一步的具体执行都有相应的技术指南提供指导，具体的指南见表5-4。

表5-4　新西兰技术支撑体系的6个指南

指南	用于目的
《林业参与碳排放贸易计划指南》	帮助拥有林地产权的所有者对碳排放贸易的有关基本情况进行了解，然后判断是否加入碳交易
《林业参与碳排放贸易计划土地分类指南》	帮助愿意加入碳交易的林地所有者判断林地类型，即判断是属于1990年前森林还是1990年后森林
《参与碳排放贸易计划的林地制图指南和地理空间制图信息标准》	林业所有者参加碳交易时，需要获得的林地基础信息可以在此指南中查得。帮助参与者完成林地制图，完善该林地的基础信息库
《林业参与碳排放贸易计划查表法指南》和《林业参与碳排放贸易计划的实地测量方法和标准指南》	指导参与碳交易的林业所有者通过查表法（项目规模100hm²）、实地调查法（项目规模大于等于100hm²）来计算森林碳储量
《1990年前森林新西兰单位的分配和免除》	主要是为1990年前林地的所有者提供服务，对该类林业进行森林保护的成本、避免毁林的成本给以一定的补偿
《排放贸易计划中的林地交易》	主要规定林地所有者参与林地及碳汇的交易时，交易各方在碳市场中的权利、义务便发生了变更，交易各方必须承担相应的权利义务及其变更

7. 立法规定参与者权利义务及违规罚则

对参与者的权利、义务及违规法则，在《2002年气候变化法》和2008年修正案中都有规定。综合起来，新西兰林主的权利可以归纳为3个大的方面：①根据一定的规则和程序，将增加的碳汇变成新西兰单位在碳市场交易的权利；②对于碳交易具有自愿参与权、对于交易的相关信息等具有获取交易信息等权利；③参与者具有多项权利，包括免费享有专家绘制的林地地图、碳汇剂量等。

对碳汇林主的业务来说，共同业务有3个。特定对象的业务有2个。

首先来对特定对象的业务进行介绍。第一，在1990年的时候，碳市场中加入了森林一员，那么森林就需要遵守碳汇市场的相关规定，主要有6条规则，分别是采伐森林的行为、毁坏森林的行为、灾害、转让林地行为、他方造成的碳信用损失的行为以及参与后又退出的行为，规定内容的具体见表5-5。第二，1990年前森林一旦加入并申领碳交易单位后，必须遵守5个规则，即对采伐、毁林、树林死亡、中途退出、林地转让等情况的处理方式做出了规定，具体内容见表5-6。

在新西兰把碳汇林主分为两类，即1990年的森林林主以及1990年后的森林林主，对于这两类林主，他们共同的义务具体表现在3个方面。第一，将碳交易账户的“单位结余”归零的义务。“单位结余”是指进行碳交易的记录在新西兰单位的核算结计余额。“单位结余”的情况有两种，一种是当森林碳汇退出碳市场时候必须进行结余归零。按照要求，如果林主退出市场，则必须提交一份规范的排放情况报告，在该报告中必须交代截至退出之日的“单位结余”，这个结余必须为零，若大于零，必须交出。另一种情况是进行交易的土地、林权、林地在到期或者租约转让时“单位结余”必须归零。如果租约转让等情况发生后，森林碳汇依然参与碳市场交易，那么“单位结余”和继续履行碳交易的有关义务则由新参与者接续、负责。第二，提交森林排放报告的义务。从时间上看，提交的森林排放报告有月报、季报和年报。森林排放报告的编制主体是森林碳汇主体，碳排放量采用自我评估的方式评估，方法参照IPCC方法，政府部门对这些报告进行审核。第三，参与森林碳汇碳池储备等保险的义务。为避免因采伐、自然灾害等原因造成的碳信用损失，新西兰建立了森林碳汇碳池储备等保险制度。林业参与碳市场有3种保险模式，林业参与碳市场需选用一种模式。

表5-5 1990年后森林加入碳市场后须遵守的6条规则

序号	适用情况	具体内容
规则一	采伐已申领碳交易单位的森林	采伐森林造成的碳汇的损失必须偿还。若碳交易单位有余额，则用余额偿还，若没有余额，则在市场购买进行归还
规则二	对毁林之后的第二轮造林	在第一轮造林的申领的碳交易单位全部归还，第二轮造林获得的碳交易单位重新申领
规则三	需要采伐已申领碳交易单位的森林	提前分批购回或者一次购网需要的碳交易单位，然后存放于排放单位注册持有账户中，待采伐需要时使用

续表

序号	适用情况	具体内容
规则四	对于申领碳交易单位的森林发生数林死亡状况	对于释放的碳需要归还，用已经申领的碳交易单位归还
规则五	中途退出森林碳汇交易的状况	对于拟退出的森林的碳信用需要进行清偿
规则六	参与森林碳汇交易的森林的转让	碳权益跟随林地权益一同转让

表5-6　1990年前森林加入并申领碳交易单位后，必须遵守的5个规则

序号	适用情况	具体内容	除外情况
规则一	参与后若发生采伐、人为或自然灾害导致林木死亡、毁林，如果申请免除的例外	应对所获得的碳信用进行归还，同时对造成的碳排放要进行补偿。若重新造林可获得新造林的碳交易单位	申请免除的除外
规则二	对于没有参与森林碳汇的林地权益人，如有采伐、人为或自然灾害导致林木死亡、毁林的	按照国家的有关规定对于该行为造成的碳释放进行碳信用的赔偿	申请免除的除外
规则三	若是由于第三方毁林或者其他行为导致损失碳信用的	林权所有者按照相关标准要求第三方赔偿碳信刚损失及其他损失	无
规则四	中途退出森林碳汇交易的状况	对拟退出的森林碳汇的碳信用要清偿	无

以上义务是林业碳汇参与者必须遵守的，如果不遵守会遭受惩罚，惩罚有经济惩罚、民事或者刑事责任的惩罚。按照规定，如果林业碳汇参与者在交易的过程中不遵守相关的市场规则，那么就会受到相应的违规惩罚，这种惩罚主要表现为承担造林的义务、偿还碳交易单位的义务甚至可能承担民事及刑事责任。如果有森林碳汇参与者故意不提交符合要求的碳排放单位，那么该林主面临的处罚有两方面，一是需要缴纳两倍的补偿额和60美元/tco_2-e，二是会被定罪的可能。

（四）澳大利亚

澳大利亚的碳交易市场是固定碳价碳，即碳税市场。2012年7月1日，开始运行碳税市场，澳大利亚原本的计划是先运行3年固定碳价碳市场，之

后开始运行浮动碳价碳市场，也就是2015年开始实行。因为在运行固定碳价碳市场的期间出现了一些问题，使得该市场提前一年结束了，也就是说浮动碳市场于2014年开始运行。在对碳权交易体系进行构建的时候，还在准备阶段期间，澳大利亚就调查清楚了本国的温室气体排放情况，澳大利亚的统计体系主要是获取和统计某些行业的相关参数，该体系类似于中国的温室气体清单编制工作。

在澳大利亚，通过单独立法，林业碳汇参与到碳市场中。各个国家的林业碳汇市场都有自身的特色，就澳大利亚来说，该特色主要从四个方面体现出来。下面做出详细的阐述。

（1）单独立法。关于林业碳汇市场的法律，澳大利亚颁布的法案是《2011碳信用（低碳农业倡议）法案》，2011年颁布的《清洁能源法》是这个法案的基础。澳大利亚在该法案中单独规定了碳市场的碳汇项目，主要内容有规定碳汇项目的合格标准、规定方法学等。在该法案中，规定了林业碳汇市场交易的前提是获得ACCUs，ACCUs的获得需要借助项目的手段。工业减排是该交易的主要作用，但是工业减排的5%是抵扣额度的最大限度，这一点就将碳汇的发展限制了。

（2）碳税及许可证管理。固定碳价政策是澳大利亚碳市场碳价的主要手段。也可以说，碳税政策实施的主要目的有两个，一是在实质上减少工业、能源等部门、行业的碳排放量，二是提高开发新能源的效率和工业能效。碳税及许可证管理的主要内容体现在2个方面。

1）征收碳税的领域：国家重要的“控排行业”。在澳大利亚温室气体排放主要集中在一些大行业，这些行业的排放总和占国家排放总额的70%以上，这些行业主要是能源、交通、工业加工以及非传统废弃物和排放物等行业，这些行业是国家的“控排行业”。那么如何确定“控排行业”中的“控排企业”呢？如果“控排行业”中的企业CO_2年直接排放量达到2.5万t以上，则是控排企业。在澳大利亚符合这个“控排企业”标准的企业大概有500家。

2）支付碳税的方式：“排放许可证”。一个排放许可证允许排放1t温室气体，政府决定各个企业排放许可证数量的多少。各个企业只有在支付购买许可证的固定价格之后，政府才可以发放许可证。当然，许可证的发放并不是无限的，上限是企业每年合规排放量的最大量。在某些企业超额排放之后，需要做的有两点，一是尽力得到援助，二是使用ACCUs进行抵偿。但是，不管是寻求援助还是进行抵偿，都是有条件的。若企业采用援助的方式，援助范围会限制减排企业获得的援助，减排企业还会受到资金的约束。若企业采用抵扣的方式，那么其需求量的5%是其最大的抵扣额度。正是因为该内容被单独立法，在实质上减少了工业、电力等行业的碳排放量，但是由于严格限制了碳汇抵偿的购买，抬高了物价，没有让民众感到满意。

（3）补偿政策。许可证过少，增加了减排企业的成本，导致电价上涨，间接导致多数产品的价格都有所上涨。政府为了阻止这种情况的发生，做出了林业碳汇补偿比例突破5%的决定。为了将碳排放的成本降下来，希望将单价降低，由原本的价格25.4澳元/吨降低到6澳元/吨。2014年7月份，澳大利亚在两方面做出了调整，一是调整林业碳汇的抵消限额，二是将碳排放全国交易市场开启运行。2013年7月，在澳大利亚颁布的《清洁能源立法修正案》的相关制度中，对林业碳汇限额的突破有所体现。农林业碳汇项目争取在ACCUs的上限突破5%的限制，可达无限。增加国际碳汇项目履约的灵活性。若是企业超过了规定的排放量，企业为了抵补或者履约，可从国际市场上购买一定额度的碳单位。对于具体额度的限制，针对不同的碳单位，有不同的规定。比如，对于来自EU-ETS的EUAs来说，该企业的使用额度上限被规定为年总碳负债的50%；对于京都机制的碳单位来说，使用额度的上限为年总碳负债的6.25%。当然了，这个额度不是一直不变的，各个时期都可以对其做出调整，允许存入和透支。交易形式在调整之后变得更加灵活，不只是现货交易变得更加灵活，在ACCUs方面也变得更加灵活，企业不仅可以事先将ACCUs存入，还可以将碳汇项目未来的ACCUs提前透支使用，当然对透支额度也有所规定，上限为5%。

（4）在规划和开发碳汇林业项目的时候，要对综合生态效益多加注重。澳大利亚在开发农林类碳交易项目的时候，在规划碳汇的计量和选择碳汇林地地址的时候，将土壤碳库的变化量设为一个重要评价指标。澳大利亚如此做的原因是，在土壤碳汇的计量和改善方法方面，澳大利亚进行了大量的研究，他们认为土壤碳库变化量对规划农林碳汇项目是非常重要的考虑因素，同时在土壤碳库测量的技术手段方面也具有国际领先水平。比如，在开发碳汇项目的时候，对于土壤碳检测精度和成本之间的关系，澳大利亚必须对其进行考虑，并且澳大利亚为此进行了大量的研究。除此之外，澳大利亚还对碳水平衡问题进行了考虑，澳大利亚在规划碳汇营造林区域的时候，还将不同地区的降雨情况结合起来了，对于开发区域内的生态合理性布局，给予了足够的重视。

三、中国

（一）市场机制的运行状况

我国的碳市场机制运行状况是随着国际碳市场发展而发展的，国际碳市场的变化会带动我国碳市场的变化。由于国内没有《京都议定书》的强制减排义务，所以我国强制碳市场是单边市场。为了减缓全球生态问题和气候问题，将会减少碳排放量。我国为气候和生态保护问题做了很大的努力，启动了碳市场中林业碳汇市场的碳抵消额度要求非常小，林业碳汇市场以自愿市场为主。

2011年自愿碳市场已经发展到地方试点，付诸于实践，到2015年，随着我国网络科技的发展，便开始启动上线运行，并在国家碳排放权交易注册登记系统中登记了。该系统的核心功能主要是实现自愿减排项目CCER的签发、持有、转移以及注销等。自愿减排项目CCER可以是林业或者非林业CCER，其中林业CCER项目初审单位是地方发改委，初审成功后转报国家发改委审核备案以及签发。

林业碳汇项目如果要提供合格的碳汇，该项目必须依据相应的标准或要求进行造林，即方法学。碳汇造林的方法学由发改委来进行发布。2013年至2015年3月，共有8个相关碳汇项目设计文件在中国自愿减排交易信息平台上公示，其中碳汇造林项目6个、森林经营碳汇项目2个。这些方法学的公示期集中在2014年底和2015年初，项目地域分别是广东、北京、河北、黑龙江、江西、内蒙古等地。

中国绿色碳汇基金会网页中的碳汇项目主要有：林业碳汇项目、专项基金项目、绿化环境植树节等。尤其在绿化环境中，碳汇造林项目的目标是增加碳汇，而碳汇基金会在项目实施过程中打破常规，把改善贫困地区群众的生产生活条件作为必要因素考虑在内。所以，我们要立足国内，面向世界。碳汇基金会近年来不断借鉴国际先进经验，引导群众深度参与。对一切有利于应对气候变化的理念和技术均吸收和转换，建立了农户森林经营碳汇交易体系。

具体而言，中国绿色碳汇基金会推动发展起来的林业碳汇项目有：广东长隆碳汇造林项目、伊春市汤旺河林业局2012年森林经营增汇减排项目（试点）、北京市房山区碳汇造林项目、浙江临安毛竹林碳汇项目等。在浙江省临安市资助42户农户开展森林经营碳汇项目，将项目产生的碳汇量卖给企业用于履行社会责任。目前，3847.5亩的森林经营碳汇项目第一期（5年一期）产生的4285吨碳汇量已经被中国建设银行浙江分行购买，农民户均获得碳汇收入3000元。未来15年的项目期内，平均每户还将获得1.2万元的碳汇收入。通过学习和从事可持续经营，农民提升了自己经营森林的能力和水平，同时激发了群众爱林、护林的热情。此项目成为工业反哺农业、城市支持农村发展的生动范例。

经研究发现，国际自愿碳市场的买家对国际核证碳减排标准（VCS）

开发的林业碳汇项目认同度高。结合当前国家建设生态文明、保护生态环境的现实需要，在碳汇基金会支持下，云南省昆明市和西双版纳傣族自治州、福建省永安市、内蒙古绰尔林业局开发4个VCS标准的森林管理碳汇项目，面积超过50万亩，预计20年内可产生600万t二氧化碳当量的碳信用，未来将有1500户农民直接受益。一旦项目注册成功，减排量获得签发，便可能从国际市场交易碳汇，获得收益，为我国农民向全球提供生态产品获得补偿开辟渠道。

在华东林权交易所挂了一个林业项目，并且结合了相关信息部将已经成交的林业碳汇项目列出了，见表5-7。在项目中，林业项目的交易价格在30元/t左右的价格。交易量大约在1000～5000t左右，项目参与者主要是各地的林业局，交易的方法采取了中国碳汇项目造林方法审核单位主要是中国林科院科信所中林绿色碳资产管理中心等，碳汇集两单位不太固定。

表5-7　国内自愿市场部分碳汇项目状况

项目名称	项目业主	碳汇计量单位	审核单位	方法学	购买单位/成交价格及成交量
伊春市汤旺河林业局2012年森林经营增汇减排项目（试点）	伊春市汤旺河林业局	北京林学会与北京凯来美气候技术咨询有限公司	北京中林绿汇资产管理有限公司	中国绿色碳汇基金会《森林经营增汇减排项目方法学（第一版）》	河南勇盛万家豆制品公司，购买价格30元/t
广东省龙川县碳汇造林项目	龙川县林业局	华南农业大学林学院	中国林科院科信所中林绿色碳资产管理中心	中国林业碳汇项目造林方法学	
广东省汕头市潮阳区碳汇造林项目	汕头市潮阳区林业局	福建师范大学	中国林科院科信所中林绿色碳资产管理中心	中国林业碳汇项目造林方法学	
甘肃省定西市安定区碳汇造林项目	甘肃省定西市安定区林业局	国家林业局林产工业规划设计院	中国林科院科信所中林绿色碳资产管理中心	中国林业碳汇项目造林方法学	
浙江临安毛竹林碳汇项目	浙江农林大学	浙江农林大学	中国林科院科信所中林绿色碳资产管理中心	中国林业碳汇项目竹子造林方法学	中国建设银行浙江分行，价格30元/t，主要用于碳中和

续表

项目名称	项目业主	碳汇计量单位	审核单位	方法学	购买单位/成交价格及成交量
北京市房山区碳汇造林项目	北京市园林绿化国际合作项目管理办公室	北京林业大学	中国林科院科信所中林绿色碳资产管理中心	中国林业碳汇项目造林方法学	1500tCO_2，履责单位益海嘉里（北京）粮油食品工业有限公司，价格为30元/t
广东长隆碳汇项目	广东翠峰园林绿化有限公司		中环联合（北京）认证中心有限公司	《碳汇造林项目方法学》	广东粤电环保有限公司购买5208t碳汇，实现国内CCER第一笔交易

（二）强制市场

在林业碳汇强制市场里，林业CDM交易市场的顺序是：先地方再发改委上报，再由地方的发改委转报给国家发改委，并且获得批准和备案，送到EB注册或者项目减排量签发，然后才能可以在强制交易市场中运行。总体而言，我国的强制市场是非常有限的，主要体现在以下几个方面。

1. 林业碳汇项目有限

哥本哈根会议召开之前，中国12个风电CDM项目被EB否决。2009年12月之后，又陆续有74个中国的风电、小水电、工业能效等CDM项目遭遇EB的“特别审查”，并被打回要求重审。这样的连续打击，让国内CDM行业有点风声鹤唳、人心惶惶了。这么说虽有点夸张，但无论是项目业主还是开发咨询机构怀疑的声音的增多，却是不争的事实。

截至2010年1月19日，国家发改委批准的全部CDM项目为2369个，在联合国已注册的中国CDM项目701个，已获得签发的中国项目174个，注册的项目数量和年减排量均居世界第一，其中，工业减排项目和减排量占到一半以上，而农业和林业项目则并不被看重。目前国内在林业方面注册成功“造林再造林”项目的仅有两个。然而，由于减排量监测和核定工作难度极大，至今EB并未签发这两个项目。中国项目所面临越来越严格的审查，让很多国外碳交易机构都开始重新思考在中国的机会。逐渐有人将视角转移到了林业和农业这样的额外性比较强的、可持续发展的项目上。

农业项目和林业项目，这是联合国、EB以及中国都特别青睐的，除了额外性的要求必须满足外，也因为农业、林业目前的发展现状的确很需要资金资助。农林业碳汇的开发已经在国际背景上留有了很大的余地。但据个人了解，农林业至少有如下几个特点。

（1）林业碳汇的开发技术与开发成本非常高。

（2）农林业涉及如病虫害、山火等不可控的风险，将直接危及项目的固碳量，不像传统工业项目一样减排量基本稳定，且可控。

（3）农林项目，对本地区的物种多样性、防风固沙、改善农民生活等方面产生的外部效应比较强。

除此之外，再加上已经有的包括土地使用年限等硬性的要求，走出这一步似乎就更加困难了。北京交易所计划在四月退出熊猫标准的细则，对行业来说应该是一个有利的消息。我们不用再去挑剔其标准的空洞，它已经构建了一个可以填充的框架，对于目前的国内市场已经足够。若能够真正帮助农、林业项目的开发者控制好开发成本，又能够保证减排量的质量，那绝对会具有划时代的意义。

对于农业、林业项目来说，要更大的发掘它的商业价值，还是应该两条腿走路。如果有可行的方法学和相关工具，可以考虑往CDM走；或者就是基于企业社会责任碳中和的自愿减排。无论怎么走，都要有一个指导性的标准和机构，需要振臂一呼。而这个领导者，似乎已经被北交所抢得先机。但市场瞬息万变，或许还有若干更完备更具体的构思正在出炉，毕竟合适的时候，在合适的政策背景下，做合适的事情，才能成为勇士，而非烈士。

2. 林业碳汇的主要任务是造林

如前文中有阐述林业碳汇的包括的项目，其中造林项目有过多的阐述。其实林业碳汇的主要项目就是造林项目、减排碳，在林业的CDM项日中，林业REDD+项目几乎没有，所以在强制市场里的林业碳汇项目的类型十分有限。

虽然我国的林业碳汇在强制市场中有一定的局限性，但中国的CDM碳汇也有所发展，见表5-8。

表5-8 中国CDM碳汇项目的发展（减排量单位：TCO_2-e）

项目名称	资金投入情况	业主	合作方	估计年减排量/t	简介
诺华川西南林业碳汇、社区和生物多性造林再造林项目	用未来碳汇量资金提前支付	四川省大渡河造林局	诺华制药公司	40214	2013年8月注册，减排企业直接参与项目的机制

续表

项目名称	资金投入情况	业主	合作方	估计年减排量/t	简介
中国广西西北部地区退化土地再造林项目	世界银行提供贷款资金	广西隆林各族自治区县林业开发有限责任公司	国际复兴开发银行，生物碳基金	70272	2008年4月通过DOE认证，2008年9月通过国家发改委审查。11月正式批准
中国广西珠江流域治理再造林项目	世界银行生物碳基金预付2000万美元碳汇收入	环江兴营林有限责任公司	International Bank ibr Reconstruction and development	20000	2006年11月注册
中国四川西北部退化土地的造林再造林项目	天然林保护工程资金垫支	大渡河造林局		26000	2009年11月注册，国家补贴造林与林业碳汇项目捆绑实施
中国辽宁康平防治荒漠化小规模造林项目		康平县张家窑林术管护有限公司	庆应义塾	1124	到2005年已经完成了39km林带造林任务，面积大约539hm^2

（三）案例

1. 中国绿色碳汇基金会

中国绿色碳汇基金会于2010年7月19日经国务院批准在民政部注册成立，业务主管单位为国家林业局。基金会是中国第一家以增汇减排、应对气候变化为目的的全国性公募基金会，成立以来已获得境内外捐赠资产超过4亿元，在中国20多个省（区、市）资助实施和参与管理的碳汇营造林项目达120多万亩。基金会宗旨是推进以应对气候变化为目的的植树造林、森林经营、减少毁林和其他相关的增汇减排活动，普及有关知识，提高公众应对气候变化意识和能力，支持和完善中国森林生态补偿机制。

2017年9月29日，中国绿色碳汇基金会在京召开第二届理事会第三次会议。会议由中国绿色碳汇基金会理事长杜永胜主持。国家林业局造林司巡视员刘树人，中国绿色碳汇基金会秘书长邓侃，老牛基金会副秘书长安亚强，中国石油炼油与化工分公司总工程师邢颖春，彩虹奥特姆（香港）集团有限公司董事长胡杰，北京兴博旅投规划设计院有限公司董事长刘霞等政府部门、社会组织和企业的10名理事、1名监事参加了本次会议。

会上，理事会长听取了邓侃秘书长关于碳汇基金会2017年截至第三季度的主要工作情况以及财务预算情况汇报，会议通过了增选有关副理事长等议案，并对碳汇基金会开展筹资、项目管理等提出诸多务实的意见和建议。

2. 农户森林经营碳汇交易体系

“农户森林经营碳汇交易体系”项目组由中国绿色碳汇基金会、浙江农林大学、浙江省临安市林业局、华东林业产权交易所等单位联合组成。试点地区在浙江省林安市，叫“碳汇林业试验区”。“农户森林经营碳汇交易体系”基本建成的时间是2013年，然后开始在临安市进行试点。《农户森林经营碳汇交易体系》的发布时间是2014年10月14日，发布单位是中国绿色碳汇基金会和临安市政府。按照该交易体系的交易规则，第一期试点的42位农户经营的碳汇项目减排量进行了交易，是在交易体系发布的现场促成的交易，这些交易的碳汇减排量来自256.5hm^2的林地，这些林地包括竹林、经济林、材用林和公益林。

“农户森林经营碳汇项目注册”平台是进行农户森林经营碳汇项目的网络系统，专门为参与该项目的农户开设，该平台由中国绿色碳汇基金会和国家林业局调查规划设计院研发设立。

农户森林经营碳汇交易体系包括以下6个部分。

（1）农户根据政府部门的规定，主要是对参与者的进入条件以及进入后应该承担的责任，来判断其是否参加森林经营碳汇交易体系。

（2）按照发布的规则标准，对农户经营项目的特点进行确认。

（3）对每位参与项目农民拥有的森林，按照方法学碳汇计量的相关要求进行详细的碳汇预估。

（4）由具有资质的第三方根据规定对碳汇量进行审定核查、注册。

（5）注册后，项目的参与者可以获得“碳汇登记证”，该登记证是由当地林业部门发放的，是用来填制碳汇预估量以备后期交易等用途的凭证。

（6）农户业主托管到华东林权交易所把他的林业碳汇签约挂在交易所进行交易。

只要是具备对外公开出售资格的森林经营的碳汇减排量，个人以及企业都可以购买以进行碳中和或消除碳足迹。如果交易成功，农户便获得碳汇交易证。上面6个部分的具体内容有相关单位制定相应的规章制度对其加以规定说明，具体见表5-9。

表5-9 农户森林经营碳汇交易体系文件

编制单位	文件名称	目 的
地方政府部门	《××市（县）农户森林经营碳汇项目管理暂行办法》	对进入交易体系的参与者的规则的制定：进入条件及进入后的责任
浙江农林大学	《农户森林经营碳汇项目方法学》和《农户森林经营碳汇项目经营与监测手册》	制定关于碳汇项目方法学的一般规则
中国绿色碳汇基金会和北京林业大学	《林业碳汇项目审定与核证指南（LY/T 2409—2015）》	第三方审定核查、注册的相关规定

对于该体系的参与者需要按照对于该项目的基本要求进行森林经营，这些基本要求主要如下：

（1）多目标兼顾。增加碳汇是该项目的主要目标，同时对于生物多样性保护和防止水土流失等问题也特别重视。

（2）开展森林经营活动要按照基本规定开展，要服从管理。从技术上要严格按照方法学造林以及项目设计文件中的要求进行经营，在管理上要服从技术支持单位以及林业主管部门的监督和管理。

（3）参与项目的林地用途不得更改。为了保障项目期内林地的稳定性，林地的用途不得更改，不得在项目边界内从事在项目设计文件里没有许可的活动。

（4）严防在项目边界内出现森林火灾和重大森林病虫害事件。要采取措施严防森林火灾及重大森林病虫害事件的发生，一旦发生，要立即上报林业主管部门，上报的主要信息是发生的时间、地点以及强度等，这些都要做好记录。

（5）不得进行全面清林和炼山等活动。在项目的经营过程中，如果需要对林下灌木、草本、藤本等进行割除，可将这些割除的杂物平铺在林地里。但不能将它们移出林地，也不能进行焚烧；对于林地里出现的枯死木和地表枯落物也不能移出林业，也不能进行焚烧。

（6）要尽量对森林土壤减少扰动以及控制扰动。在对森林碳汇项目开展经营的时候，尽量不要扰动土壤，如果必须扰动，应该按照生态经营以及水土保持的要求进行。

（7）要进行宣传。特别是项目周边的林农是进行碳汇林宣传的主要对象，要积极主动向他们宣传碳汇林的意义以及政策措施等。

3. 试点交易的7省市做法

国家正式提出要建立国内的碳交易所是在2008年，是由国家发改委提出的。我国已决定通过碳排放权交易市场来推动产业结构的调整，引导促进碳经济的发展，适时引入远期交易将会是碳市场早晚要迎接的课题。截至2014年6月末，中国的7大碳交易试点均已建立并启动运行。2015年上海、广东、深圳、湖北等地都有碳金融产品面市，比如上海的借碳机制、CCER质押贷款、碳基金；广东的法人账户透支、配额融资抵押；深圳的碳债权；湖北的碳信托产品等。碳市场的金融创新已吸引了银行、保险、券商、基金公司的关注，投资机构的加入将会使碳市场更具活力。

试点地区碳权交易主要的工作成就表现在形成了一套较为完整的碳权交易方案及制度。各省市对于这些制度和方案的设计不一致，北京最为全面，其他各省或市有所缺项，具体见表5-10。那么试点的情况如何呢？截至2014年底，除重庆和湖北外，其余5个试点地区顺利完成年度履约工作。

表5-10　全国7个碳交易试点工作进展统计（截至2014年12月31日）

省市	广东深圳	上海	北京	广东	天津	湖北	重庆
碳市场启动时间	2013年6月18日	2013年11月26日	2013年11月28日	2013年12月19日	2013年12月26日	2014年4月2日	2014年6月19日
人大立法	√	—	√	—	—	—	—
管理办法	政府令	政府令	通知	政府令	通知	政府令	通知
核算报告指南	√	√	√	—	—	—	√
核查机构管理办法		√	√	—	—	—	√
核查机构名单	√	√	√	√	√	—	√
纳入单位名单	√	—	√	√	√	√	—
配额分配	√	√	√	√	√	√	√
碳抵消额度	10%	5%	5%	10%	10%	10%	8%
2014年履约率（%）	99.4	100	97.1	98.9	96.5	—	—

注：“√”表示有，“—”示没有。

在试点的这些碳权交易市场中进行交易标的均为CO_2排放权，包括直接的排放权、间接的排放权以及CCER。这些交易标的主要以配额为主。在这些试点省市的碳权交易市场中都没有把林业行业纳入配额管理，但是都留下5%~10%的额度给配额外的CCER，即控排企业可以购买配额外的碳CCER进行碳抵消，如果排放超量的话，购买的限额为本单位年初发放配额总量的5%~10%的CCER，配额外的CCER包括工业减排量以及林业碳汇量，这为林业碳汇参与交易提供了一定的空间，具体配额分配见表5-10。

第三节　对林业碳汇价值实现机制的分析评价

继2016年中国签署《巴黎协定》之后，2017年碳圈最火热的名词之一就是“林业碳汇”了。百度上随便搜一搜，便不难发现“某某市启动林业碳汇”“某某县开展碳汇林”等新闻，甚为火热。甚至在中国核证减排量（CCER）网站里，公示的林业碳汇项目就像雨后春笋一样冒出来，堪称今年碳圈最红的“网红”了。下面就通过国内外对比的方式来分析我国的林业碳汇价值实现机制。

一、林业碳汇价值实现机制的共同点

无论是发达国家还是发展中国家，无论是有具体任务还是没有具体减排任务，基本上所有的国家都在为减缓和适应气候变化而努力，都在根据自己的实际情况做出相应的安排。

国内外的碳汇价值实现机制主要以市场机制为主，通过抵消机制参与强制碳减排市场中进行交易或者在自愿交易市场进行交易。交易的是具有额外性等经过第三方经营实体核查、核证，已登记签发的碳汇。碳汇市场的规模受到“抵消机制”中对于碳汇抵消的比例的规定的影响。

二、我国林业碳汇价值实现机制存在的问题

我国林业碳汇存在以下问题。

问题一，林区基础设施建设滞后，林业碳汇资金来源渠道单一。我国林区的基础设施落后，主要表现为道路、电力以及供水严重不足。以道路为例，发达国家的林区道路密度平均大约在$40m/hm^2$，我国平均为4.8m/

hm^2，即便是一些条件相对较好的林区，其道路的平均密度也没有达到发达国家的平均水平，只有10m/hm^2。基础设施建设不足主要是林业资金供应不足引起的。我国林区经济相对独立，林区的基础设施投入主要依靠森工企业。由于这些年森工企业的效益不好，投入基础设施的资金更是捉襟见肘。现在发展的林业碳汇项目的资金援助主要来自于中国绿色碳汇基金会，该援助资金对于碳汇项目本身发展而言远远不够，更不能满足基础设施的建设落后的基础设施，使营林成本过高，新技术难以推广，影响林业碳汇的发展。

问题二，林业碳汇供需不畅。林业碳汇可以说是一种经济发展、环境发展、能源发展甚至是政治发展的综合产物，界定这种产品、分配额度、抑制排放是一项复杂的综合工程，无论对该产品的需求或者供给均是政策驱动下的产物。由于碳汇市场发展历程不长，特别是林业碳汇市场的发展更是有限，我国碳市场远未达到发达国家的成熟稳定。

从需求方面看，我国林业碳汇参与碳市场主要是通过抵消机制进行的，我国碳市场对林业碳汇、工业减排的抵消有额度限制。所以说“接口单一和上限控制”是我国林业碳汇在碳权市场中受到的双重限制。因为现在企业减排动力普遍不足以及面临着来自工业减排碳权的竞争，这种双重控制的额度很难用完，对林业碳汇的需求非常有限。为了促进社会增加对林业碳汇的需求，也是为了环保的目的，中国绿色碳汇基金会采取了一系列措施，比如推进会议碳中和行动，推进个人碳汇车贴行动，捐资造林给以荣誉证书行动等。为配合这样的碳中和行动，政府也设计了相关的制度，比如北京市政府为了鼓励公民捐资造林，规定可以通过捐资60元每单位“购买碳汇”来获得需要的造林资金，然后由造林部门进行相应的义务植树造林活动。

从供给方面看，我国林业碳汇的供给制度以及供给规模都还有待提高。林业碳汇的生产具有较强的专业性，对于植树造林有方法学的要求，对于林业碳汇的测量、监测、评估、交易等方面的程序及规范以及方法也有专门性的要求。这些方法、规范、程序在我国还没有完善的体系，对于林业碳汇生产需要的数据库没有完全建立起来，我国林业的影像资料也不健全。我国的碳汇生产属于试点及初级阶段，已建立的碳排放权交易所属于试点市场，各区域独立进行，交易的规则各地区不同，还有一些造林项目没有按照标准和规范实施进行，这些项目产生的碳权在实际中很难进行交易。总体来说，我国林业碳汇的供给状况不规范、不统一，比较混乱。

问题三，技术难点与重点问题还待突破。林业碳汇生产的技术难点主要有营造林的方法学、碳汇测量技术等。比如应造林的方法学对我国而言是一个亟待解决的技术难题。据测算，我国森林固定CO_2能力平均为91.75t/hm^2，相比全球中高纬度地区157.81t/hm^{2}的平均水平差距很大，这主要是我国营造林方法学落后造成的。提高我国林业碳汇能力，急需经营方法学的开发，方法学的开发需要充分了解项目实施地面积、实施地的地理状况等情况，这需要我国加强这方面数据的支持及林业人力资源的投入。从林业碳汇发展的大环境来看，从CDM林业碳汇天看，开始发展之初它在操作流程与规则上就比工业CDM项目复杂，在融资方面比工业项目困难，交易的成本工业项目较高，在计入周期上比较长，林业碳汇未来的稳定性以及确定性较差等，林业CDM存在的问题林业CCER项目依然没有解决。所以普遍存在的问题加上我国林业本身存在的问题，导致了林业碳汇发展中的技术难点与重点问题很突出，急需解决。

问题四，风险大。林业碳汇的发展面临的风险是多方面的，不仅有来自制度方面的外在系统风险，还有行业本身所面临的弱势风险等非系统风险。

第六章 林业碳汇计量

第一节　进行碳计量的意义

碳计量是指在一定的经营系统内，特定的时限内给定地域内，对不同土地利用系统碳汇储量与流通进行的估计。进一步地说，碳计量通常是值对碳储量和流通进行估算的过程。土地区域内的碳是有生物量和土壤碳库组成。生物量碳库包括地上生物量、枯落物和枯死物。广泛应用在碳计量中的两种方法分别是“碳通量方法”（Gain-loss）和“碳储量蛮化方法”（Stock-Difference）（IPCC 2006）。碳计量单位用每公顷二氧化碳排放量转移量吨数，或在一年以上时间的项目和国家级层面上二氧化碳排放量或转移量吨数表示。也可以用每公顷碳储量的变化量吨数或在一定时间内项目和国家级层面上碳储量的变化量吨数来体现。净碳排放量是指通过分解和燃烧，生物与土壤中的二氧化碳损失在大气中的量。净碳转移量或碳汇是指生物和土壤净吸收和贮藏二氧化碳的量。

一、应用在温室气体的排放核查中

近几年来，全球气候的变化引起了越来越多人的关注，如何控制温室气体的排放量已成为当前环境学家研究的重大课题之一。计量工作的开展能够有效地控制温室气体的排放量，计量在“可测量、可核查、可报告”的“三可”原则中发挥着至关重要的作用。“可测量”具体是指通过计量能够测量温室气体量，“可核查”是指企业能够开展独立的核查工作，而“可报告”是指温室气体排放统计数据的可实时报告。从本质上分析看，“三可”原则都以“计量”为核心，围绕这一核心要素发展社会经济。

二、应用在企业的碳计量工作中

低碳经济发展的关键是企业，在企业的发展过程中通过温室气体的排放核查以及编制气体排放清单工作，能够确定出企业的排放源与高耗能点。在这个契机上，企业能够应用低碳经济的发展理念，为企业建立起统一的节能以及温室气体排放的管理体系。计量工作的开展应该贯穿于企业发展的每个环节当中，进而对企业的耗能状况进行实时动态的分析。在有了数据分析和监测的基础上，就可以有根据有针对性地开展节能减排的工作，这样就可以为低碳绿色以及可持续的经济发展提供保证。

三、应用在碳排放交易中

数据在碳排交易工作当中起到了决定性的作用，它也成为许多工作开展的基础支撑，在企业发展的历程中，总量目标的设定，企业各个部门的配额分配比例都离开数据的分析以及监测。现在，因为我国的统计口径以及渠道的不同，导致了企业发展中的能源与经济数据存在着很多不匹配的情况，追根溯源是因为碳排放体系的构建并未做好基础排放数据的分析统计工作。从某种程度上来说数据是建设碳排放体系的基础，企业能源消耗的数据收集与碳排放体系的基础是成正比的，数据越全面，碳排放体系的基础也就会越牢固，企业的可持续发展才更有保障。

四、计量在低碳经济发展中的作用

（一）计量是新能源产品研发与生产的重要基础

计量测试在现代工业发展中地位日益突出，与原材料、工艺装备一起被视为现代工业发展的三大支柱。进入新时期，我国的新能源产业发展迅速与人类的生活状况也息息相关，要想使新能源产业持续健康地发展下去，必须解决新能源产业发展过程中遇到的瓶颈问题。新能源产业发展过程中所遇到的问题无非两大类，一类是技术上的难关，另一类是质量监测上的问题。这两类问题的有效解决都需要企业具备完善的计量监测体系，计量监测体系的建立能够为企业的可持续发展提供基础保障。

（二）计量是节能减排的前提和基础

数据是节能减排够工作的前提，开展节能减排工作更加离不开数据的支撑。如果说没有了数据，那节能减排的工作也就无从下手。很多研究者指出，准确、科学的计量数据可以为企业的节能工作以及能源管理工作提供有效的指导方向。而且企业在开始计量工作的时候，一定要先准备好能量计量器具，然后对计量的数据进行综合监测、分析，从而让节能减排工作继续进行下去。进入了新阶段，我们国家在节能减排方面持续提出新的要求，计量的器具配备以及计量的数据的准确性也都发生了一系列新的变化，这就需要我们不断努力研究，探索最新的先进技术。

（三）计量是评价能源利用状况的重要基础

提高能源的利用率，将节能技术应用到人类的日常生活中是当前发展低碳经济的基本要求。这些要求的满足需要通过计量工作来实现，计量手段能够进行测试，进而能够为能源的利用状况提供依据。如今对企业中产品耗能的检查，必须要在计量器具配备齐全以及准确可靠的基础上开展，之后再依据规定的监测方法对企业的能源利用状况进行相应的统计、核算、计量。随着现代经济和科技的不断快速发展，人们的生活水平在不断地提高，因此我们可以看见人们生活中的水、电、暖、气等各个领域都以计量基础作为支撑。

第二节　碳计量方法与指南条款

一、碳计量方法

目前，对于碳汇的计量方法世界上很多学者都在进行研究，但是总结起来主要是两种：一种是研究现存可以反映碳储量的生物量；另一种是通过测定森林二氧化碳通量，然后把二氧化碳通量换算成碳储量。在我国研究碳储量的主要方法是如下所述。

（一）生物量法

目前，应用最广泛的方法就是生物量法，由于这个方法操作技术简单。此方法是基于单位面积生物量、森林面积、林木各器官中的生物量所占的比例及各器官的平均碳含量等参数计算出来的。开始的生物量法是通过大量实地考证，获得真实的数据，建立生物量数据库和相关参数，基于样地数据获得树种的平均碳密度，把它与树种面积相乘来估算生态系统的碳储量。

（二）蓄积量法

蓄积量法是对主要树种进行抽样调查，测算出各树种的平均蓄积量，然后再通过总的蓄积量求出生物量，最后按照生物量与碳储量的转换系数算出森林的碳储量。这是一种是以森林蓄积量数据为基础的碳计量方法。

（三）生物量清单法

生物量清单法是将生态学调查资料和森林普查资料结合起来应用的一种方法。首先计算出各森林生态系统类型乔木层的碳储量密度（Pc.MgC。hm^{-2}）。然后再根据乔木层生物量与总生物量的比值，估算出各森林类型单位面积的总生物质碳储量。

$$pc = V \times D \times \left(\frac{1}{R}\right) \times Cc$$

式中：pc为某一森林类型乔木层碳储量；V为森林类型的单位面积森林蓄积量；D为木材基本密度；R为树干生物量占乔木层生物量的比例；Cc为植物中碳含量（常采用0.5）。

（四）涡度相关法

涡度相关法是通过测定二氧化碳浓度和空气湍流来推测地球与大气间碳的净交换。涡度相关技术被广泛用于研究陆地碳平衡工作中。优点是时间分辨率高和测得生态系统碳的净转移值（Net Ecosystem Production，NEP）。

（五）模型模拟法

模型模拟法是通过数学模型估算森林生态系统的生产力和碳储量，主要用于大尺度森林生态系统碳循环研究，可以分为统计模型（即气候生产力模型，以Miami模型、Thornthwaite纪念模型、Chikugo模型为代表）；参数模型（即光能利用模型，主要有CASA，GLO-PEM，C-FIX等模型）；过程模型（即机理模型，有TEM、Century等全球模型和BEPS等区域模型）。

这些年模型模拟的应用十分广泛，而且也在不断发展，由原来的静态统计模型向生态系统机理模型转变。对于人们认识和了解生态过程中碳的收支情况也非常有帮助，尤其是在通量数据的空间与时间插补、从点到面演绎全球尺度的森林碳平衡研究中。然而受测样地点的影响，这些模型的应用经常会受到限制，也就很难推广到其他研究的领域中，并且很多生态过程中的特征参数不容易获得同时也难以掌控，可靠地观测数据的可获得性标准、模型化等很难。目前研究的也相对较少。

（六）遥感估算法

森林净初级生产力（NPP）可采用遥感技术，运用模型来推算。遥感方法是通过应用建立在各种植被指数与生物量关系上的模型，来估算森林生物量的方法。这种方法在大尺度问题的研究中具有较大优势，并被广泛应用于研究全球碳平衡及其空间格局的工作中。

遥感方法的优点是用同一方法进行大面积碳储量变化的估算，并不需要直接测定生物量的贮存量（因为该方法不能对林分下层和地下碳储量进行直接测定）。但在建立遥感生物量估算模型时，需对地面进行大量的实测调查，才能对模型进行校正，获得比较准确的净第一生产力估计值。此外，由于模型中的参数是基于样地点的调查获得的，所以，在采用遥感模型估算净第一生产力时，不能估算更大尺度的碳储量。

二、指南条款

目前可以找到一些现存的碳计量方法的手册和指南。例如，IPCC估算三家温室气体或土地利用变化与林业部门的碳计量指南（IPCC1996）和估算支业、林业和其他土地利用部门的碳计量指南（IPCC2006），以及IPCC土地利用、土地利用变化与林业部门的最佳实践指南。以项目层面为例，碳计量指南有温络克（www.winrock.org）、联合国粮食与农业组织（FAO）、国际林业研究中心（CIFOR）（www.cifor.org）提供的生物量评估手册、林业手册和森林调查。

（一）1996年IPCC指南条款修改稿

100多个国家已经在制定国家温室气体清单中广泛使用1996年IPCC指南条款修改稿。《联合国气候变化框架公约》已经对收到的国家温室气体清单单进行了分析和整理。发现存在着以下一些方法性问题。

（1）大多数国家缺乏IPCC指南条款下的土地、森林类别、植物类型与国家环境或土地利用类型间的对比。

（2）清单的估算值不确定性高。

（3）缺乏在经营的天然林中给出清晰的排放、转移因子估算报告：

（4）缺乏估算、报告总生物量或地上生物量的连续性。

（5）报告中的总生物量包括多种碳库或单一种全部碳库（例如，地上生物量）；缺少对比连续性。

（6）没有提供估算地下生物量的指南条款。

（7）缺乏对估算（或区别）人工林（人工影响的）和天然林的区别。

（8）缺乏针对稀树草原或草原的方法。

（9）缺乏针对非林地（例如，咖啡、茶、椰子、腰果）的方法。

（10）缺乏生物量与土壤碳之间的联系。

1996年IPCC指南条款修改稿中估算了不同IPCC分类或工作表的生物量和土壤碳汇，但是它们之间没有联系。

（二）IPCC 2003和2006指南条款

清单方法学最主要的基础是依靠两个相关假设：①二氧化碳流入、流出大气中的流通量等于贮存在植物和土壤中的碳变化量，②第一次土地利用变化比率和产生变化的实践活动（例如，燃烧、皆伐、择伐、营林和其他经营措施的改变），以估算碳储量的变化量。这就要求在清单年内估算土地利用森林土地或草原的转变，以及不同土地利用类型的碳储量。

（三）IPCC指南条款（2003，2006）

不像仅仅估算温室气体排放的其他领域，土地利用类型独特的特点是包括排放和转移。这个领域包括国家所有的土地利用部门。与1996年土地利用类型温室气体清单的IPCC指南条款相比，最近碳计量的主要改进是：

1. 采用了6种土地利用类型

多年来，包括森林土地、农田、草原、湿地、居住区和其他土地的所有土地利用类型，并确定要对它们的碳动态进行连续估算。这些土地利用类型进一步被分解后，用来解释说明碳动态，尤其是在土壤中，将土地利用转变成为下面的情况。

（1）保留在同一类型下的土地。例如，保留森林的土地或保留草原的土地（涉及没有变化的土地利用类型）。

（2）转变为其他土地利用类型的土地。草原或农田转变为森林土地。

2. 采用主要源或汇类别分析

不同土地利用类型二氧化碳库和非二氧化碳气体集中到主要土地利用类型、温室气体和碳库中。

3. 采用三级层次方法

从缺省排放因子和单一方程到具体国家数据的应用和适宜国家环境的模型。

4. 生物量与土壤碳的联系

像森林和农田所有土地利用类型内的生物量与土壤碳的联系。

5. 5种不同类型碳库

地上生物量、地下生物量、枯死木、枯落物和土壤有机碳。

6. 普通方法条款

计算不同土地利用部门内生物量和土壤碳汇。

（四）IPCC（2003，2006）制定清单的步骤

IPCC（2003，2006）为制定清单提出了以下步骤。

1. 经营土地的定义

把所有土地分成为经营土地和非经营土地。由于温室气体清单是按照人类干扰效果产生的土地而制定的，也就是说，是经营的土地。

2. 土地分类

建立一个适用于所有6种土地利用类型的国家级土地分类系统（森林土地、农田、草原、湿地、居住区和其他土地），以及根据气候、土壤种类、生态区域等再进行分类，分出适合于国家的土地利用系统。

3. 数据编辑

若有可能，编辑每种土地利用类型和分类型土地利用的变化量和面

积量。如果可行，可根据具体经营系统定义的每一种土地利用类型或分类型，划出土地面积。这样分类别，为计算二氧化碳的排放量和转移量所需的排放因子和贮存量变化因子奠定了基础。

4. 估算二氧化碳排放量和转移量

依据主要类别分析，在适宜级别上，估算排放量和转移量。

5. 不确定性估算和质量保证与质量控制（QA/QC）程序

应用提供的方法估算不确定性。

6. 计算总清单

计算清单时限内，每一个土地利用类型和分类型二氧化碳的排放量和转移量的总和。

7. 清单报告

应用报告表格把碳汇转变为土地利用类型的二氧化碳净排放量或转移量。

8. 记载与存档

记载与存档所有用来表示活动的信息。例如，活动内容、其他输入数据、排放因子、数据源与数据文献、方法、模型描述、QA/QC程序与报告，以及每种资源类型结果的清单。

第三节　林业碳汇计量监测体系构建

一、全国林业碳汇计量监测体系构建

我国林业碳汇计量监测网络体系建设工作于2009年正式启动。体系建设包括技术体系、数据体系、模型体系和评估体系4个部分。技术体系为开展林业碳汇计量监测提供工作方案、技术指南、操作规范、指标体系和实施细则。数据体系为监测统计、分析测算林业碳汇提供各类基础数据。模型体系为将各类相关林业调查监测的基础数据集成转化为林业碳汇提供参数模型。评估体系针对基础数据、计算方法、模型选择、测算结果进行评价，确保精度和质量。通过这“四个体系”建设，实现对IPCC技术指南要求的五大碳库，即地上生物量、地下生物量、枯落物、枯死木、土壤有机碳的调查、测定、估算，全面立体掌握整个森林、湿地、荒漠生态系统从地上到地下，从植被到土壤，以及乔、灌、草碳汇现状、分布、结构、潜力及动态变化，进而拓展延伸到木质制品贮碳量及动态变化的测算。

经过不断努力，2018年形成了体系建设框架，完成了技术准备。2011年，在山西、辽宁、四川、安徽4省先行试点。2012年，试点范围扩大到17个省（自治区、直辖市）。2015年将所有省份全部纳入体系建设，实现全国覆盖。试点以来，各项工作扎实推进，取得重大进展。

（1）建立组织机制。各试点省市区林业厅局相继成立了试点工作领导小组，明确了分管领导和责任处室，确定了省级技术支撑单位，建立了联络员制度、技术培训制度和工作进度报告制度，形成了领导有力、协调配合运转顺畅的工作机制。依托国家和省级规划院、林科院及高校，成立了1个国家级和华东、中南、西北、昆明4个区域级林业碳汇计量监测中心，并在全国范围确定了15家林业碳汇计量监测单位，组建了一支专业技术队伍。这为体系建设的顺利推进提供了有力的组织保障。

（2）完善技术体系。组织制定了体系建设的技术框架、工作框架和全国林业碳汇计量监测技术指南。指道试点省科学规范编制试点工作方案和实施方案，做到任务目标、完成时限、工作成果和责任单位“四明确”。编制印发了碳汇调查技术规范、样地布设方案、质量检查办法，以及质量评价手册，统一制作了外业调查和内测定的数据填报卡片、表格。研究提出了林业生产相关活动基础数据指标体系。这为确保体系建设操作规范、实施有效，并取得预期成果提供了有力的技术保障。

（3）建设数据体系。按照森林植被总碳储量和森林植被年碳汇量测算的数据要求，对森林资源清查成果数据进行系统分析，提取了历次森林资源清查数据，使用内插和外推法，建立了5个不同年份的国家森林碳汇基础数据库。基于森林资源清查数据、林业规划设计调查数据、森林资源年度变化数据、林业碳汇专项调查数据，建立了具有空间分布信息的试点省森林碳汇基础数据库，为试点省开展碳汇计量监测和相关分析奠定了基础，也为分析全国森林碳汇总体分布和未来潜力提供了支撑。

（4）构建模型体系。这是整个体系建设最关键、最薄弱的环节。按照政府间气候变化专门委员会（IPCC）技术指南和对森林五大碳库全面计量的要求，在分析我国现实林情状况基础上，广泛收集分析整理了国内外文献研究成果，建立了森林碳汇测算模型库。针对现有成果中森林下层植被和土壤碳库模型参数十分缺乏的问题，在13个试点省开展了碳汇专项调查，共布设了3063块乔木林样地、205个特灌林样方、60个湿地样方。通过调查，获取了50多项调查因子的10万多条基础数据，对不同类型的灌木、枯落物和土壤分别建立了相应的测算模型。浙江、辽宁、北京、山西、安徽、四川等地已将调查成果应用到了本地碳汇计量工作。同时，在安徽省开展了湿地碳汇调查，获得2408条数据，建立了一套湿地碳汇数据库。还初步摸清了IPCC关于木质林产品贮碳的几种主要研究方法，并据此对辽宁省1990—2010年木质林产品贮碳情况进行了测算。

（5）开展碳汇测算。依据IPCC国家温室气体清单指南，采用相同数据源和数据处理方法，以及相同计算参数和测算方法，测算了1994、2005、2010、2011、2012年中国森林植被年碳汇量。与世界多国科学家的共同研究结果，以及发达国家提交的清单相比，测算结果基本反映了我国森林当期的碳汇情况。同时，对2010年中国森林植被总碳储量情况，以及活立木碳储量进行了测算。

（6）推进碳汇交易。北京、上海、天津、重庆、湖北、广东、深圳7省市，既是体系建设试点单位。也是碳排放权交易试点地区把这两项试点结合起来，同时部署推进，主要目的是帮助这7个省市测准算清本地区林业增汇减排现状潜力，研究提出百行的林业方案，将林业碳汇纳入本地区碳排放权交易试点。经各地努力协调，林业碳汇已纳入到了碳排放权交易试点体系中。有的省参与制定了本地碳排放权交易试点相关管理办法和实施方案。有的研究编制了省级温室气体排放林业清单，初步测算了本地区林业碳汇数据。有的积极探索可交易碳汇量研究，提出了林业碳汇交易份额。还有的开展了碳汇交易相关规则的研究等。这些都为推进林业碳汇交易奠定了坚实基础。

二、北京地区林业碳汇计量监测体系构建

2008年以来，为满足北京市发展低碳城市应对气候变化建设规划对林业碳汇计量监测工作的迫切需求，北京市园林绿化局积极组织、扎实推进全市林地绿地碳汇能力计量监测网络体系建设工作。北京市从基于固定样地实地调查、地理信息系统遥感监测以及生态系统碳通量监测三个层面逐步建成了较为稳定的覆盖全市山区林地和城区绿地的计量监测网络体系。另外，针对全北京市林地绿地碳汇计量监测工作制定了《北京市园林绿化工程碳汇效益评估管理办法》《北京地区林地绿地碳汇能力计量监测网络体系管理办法》《林业碳汇计量监测技术规程》和《平原地区造林项目碳汇核算技术规程》等管理办法和技术标准，培养了林业碳汇计量监测专业人才千余名。

城乡一体化的林业碳汇监测网络体系建设。截止到2014年底，完成了覆盖山区森林和城区绿地的固定监测样地和监测标准木设置。在全市森林资源清查基础数据的基础上，筛选、设置了36块山区森林固定监测样地和2块城区绿地固定监测样地，选定了包括国槐、白蜡、银杏、悬铃木、黄

杨、连翘、碧桃等在内的24种120株城区常见乔、灌标准木作为全市林地绿地碳汇效益长期固定监测对象，形成了覆盖全市山区典型林地和市区典型绿地的固定监测网络。另外，北京市积极推进林地绿地碳通量监测体系建设工作，在北京市八达岭和奥林匹克森林公园完成了森林生态系统闭路碳通量监测站的建设工作。同时，制定了碳通量监测站点的管理办法，明确了设备维护管理、数据分析以及报告撰写各项工作的具体目标和负责人员。顺利开展了土壤碳运量、植被碳通量、能量通量以及气象因子的长期定点监测工作，发表碳通量监测研究SCI研究论文十余篇。林业碳汇计量监测技术研究和基础数据库构建。截止到2014年底，全面完成了全市2001年以来城区绿地碳源、碳汇分布格局研究；摸清了全市浅山区森林碳储量和碳汇能力；建立了山区侧柏林、油松林、落叶松林、刺槐林、白桦林、山杨林等13种主要森林类型碳储量及碳汇能力计量模型；获取了全市杨树生态林、城区公园以及山区林地的碳通量基础数据；研究建立了北京主要果树类型的生物量估算模型；建立了包括全市典型山区森林类型和城区绿地类型的碳储量计量监测基础数据库，正逐步实现全市林地绿地碳汇计量监测工作的规范化、常态化和全面覆盖目标。开展全市各区县林业基层技术人员能力建设工作。自2010年起，逐步建立林业碳汇计量监测技术培训管理制度。每年组织专家针对局系统管理人员、各区县基层林业技术人员组织1~2次系统培训。培训内容涵盖国际气候谈判进程、林业碳汇市场构建、碳汇计量监测技术、增汇营造林技术等方面。截至目前，共有1000余名技术人员通过培训、考核获取结业证书。我市林业碳汇计量监测工作目前尚存在一些问题和不足。

首先，精细化碳计量成本过高与碳市场接轨存在难度。我市目前开展的碳汇造林项目碳计量工作均是按照国际上和国家林业局规定的项目级别的精细化碳计量方法体系。涵盖了基线调查、碳计量和碳监测三个主要部分，调查内容涉及地上地下生物量碳库和土壤碳库，并且要基于固定样地进行每木检尺调查，方程的选择和建立以及研究报告的撰写均需要聘请专门人员来进行，耗费人力物力较高。精细化程度高，大大增加了工作量和计量费用。对于目前国际碳市场价格而言，碳计量提高了项目成本，在与减排项目进行碳交易市场竞争方面优势不高。

其次，基层人员对于碳汇计量监测技术入门困难。国家规定的或者国际上现行的项目级碳计量工作的核心部分都需要划分碳库，在最重要的乔木层碳库碳计量环节，需要自行建立或者按照推荐的树木生长方程对项目未来碳汇量进行预测，林业基层技术人员难以掌握此类碳计量工作的开展，对各区县基层人员主动参与林业碳汇造林项目碳计量形成了技术障碍，难以发挥多年积累的全市森林资源调查队伍的人力资源优势。因此，需要打破常规，建立具有北京特色的，适合区域碳市场的更易于掌握的碳汇计量监测技术，培养基层团队，使碳计量不再难以人手是当前迫切需要进行的转型。

最后，基于森林资源清查的碳计量缺乏多部门协作机制。2012年、2013年以及2015年北京市均被纳入全国林业碳汇碳计量试点网络体系建设中，此项工作开展经验表明，采用基于森林资源清查的碳计量，需要掌握森林资源清除数据、森林保护数据、森林火灾病虫害防治以及林地转化等多部门合作，进行数据统一归纳、整理并最终形成统一口径进行上报。而目前，我市尚未形成多部门协作机制，各部门重视程度也参差不齐，在数据协调和整理输出方面均未形成流程化、规范化工作模式。

未来北京市林业碳汇计量监测工作主要有以下三个方面需要进一步努力拓展。

一是进一步简化现有计量监测技术指南、标准，构建简单易行的森林增汇经营碳计量关键技术。在现有北京地区林业碳汇碳计量基础数据库及不同森林类型碳储量和碳汇能力研究基础上，进行不同林龄不同立地划分，制作易判读、好操作的碳汇造林、碳汇营林碳计量实用速查表格以及电子测算工具，开发碳计量报告撰写工具，实现碳计量方法、标准和参数的实用化、简便化，缩短繁复的人工计算过程，实现碳计量简明化、电子化。以便基层工作人员和项目实施方进行项目碳储量和碳汇量预估，以期在保证精度不下降的同时，实现碳计量成本的大幅度降低。

二是形成多部门合作长效机制，充分利用现有森林资源降低监测成本。积极出台多部门合作机制促进管理办法。要求森林资源清查、森林保护、林政管理等部门提高林业碳汇计量监测工作意识，建立协作机制，在各部门工作考核数据统计基础上增加发展林业应对气候变化、增加碳汇量相关的基础数据统计工作，与国家发展林业应对气候变化以及全国各省市林业碳汇计量监测试点工作要求的内容保持一致有效增强全市林业碳汇计量监测意识。建立多部门长效合作机制，定期组织碳汇营造林、湿地保护、森林防火、病虫害防治等与增汇森林碳汇、减少碳排放工作密切相关的工作部门进行林业碳汇计量监测宣传讲座，提高各部门联合开展林业碳汇计量监测的合作意识。设立工作小组、建立规范性数据统计提交流程模式。要求各部门将林业碳汇计量监测基础工作纳入日常工作范畴。

三是建立各区县林业碳汇计量监测专业服务团队，增强林业碳汇计量监测技术力量。在各区县林调队及林业站开展森林资源清查工作团队基础上，进行人员技术培训和专门化管理，结合技术培训和专业资格认证制度建立。形成林业碳汇计量监测技术服务和综合管理平台。培养全市林业碳汇计量监测专业队伍，为实现全市森林资源清查与林业碳汇计量工作的融合，进一步深化森林资源生态服务评价，实现林业碳汇服务功能货币化提供技术保障并奠定坚实基础。

第四节　林业碳汇计量监测及增汇减排技术研究

目前，国内外林业碳汇监测研究主要集中在全球或者区域尺度上的碳存储、碳减排、碳汇量、碳增汇等方面，其中关于森林、土壤、农业、草原等大尺度不同土地类型的碳汇研究和测算开展得比较早，成果也比较丰富。但是从区域尺度或微观尺度开展城市园林绿地植被和土壤碳汇的研究较少。在城市化高度发展的今天，城市园林绿地的碳储存量以及碳汇功能日益重要，城市绿地对净化城市空气，降低空气中二氧化碳浓度和热岛效应、维持城市碳氧平衡和生态平衡发挥着日益重要的作用。因此，城市园林绿地的生态环境功能尤其是碳汇功能已成为新时期城市园林、城市林业的重要研究内容和课题。北京市作为我国首都，随着人口的急剧增加，环境压力持续增大，其城市园林绿地担负着重要的环境维持和改善功能，研究北京市城区园林绿地的碳储量、分布格局及其时空变化，对于发展城市园林碳汇的测算算法，评估北京市园林绿化工作的效果，改进生态环境建设管理，制定合理有效的园林绿地发展规划等，均具有重要的理论和现实意义。

一、地面植被碳储量研究基础数据

采用覆盖北京市的M0DI0S00 M00D13Q 3级产品NDVI（Normalized Difference Vegetation Index）归一化植被指数数据，时间范围为2000—2010年，数据格式为EOS-HDF，MOD13Q3级产品的空间分辨率和时间分辨率分别为：250m和16天，地图投影格式为：Sinusoidal（正弦曲线投影）。使用MRT（MODIS Reprojection Tools）软件将下载的数据进行数据拼接、格式转换和投影转换，地图投影类型转换为WGS84投影。利用每年24期数据计算得到每年最大NDVI数据，并使用ARCGIS软件对数据进行裁切，得到2000—2010年北京市最大NDVI数据。采用Landsat-5 TM 30m空间分辨率遥感数据和NDVI植被指数相结合对北京市城区进行土地覆被分类。分类方法采用决策树分类法，此方法广泛应用于遥感分类处理中，而且精度较高。根据植被指数NDVI首先区分出植被地区和非植被地区，根据植被的各个波段的不同特点，将植被地区划分为林地和草地两种植被类型。

二、土壤碳储量研究数据采集方法

对北京市绿地集中且面积较大区域进行了土壤取样工作，涉及的采样地点包括朝阳公园、北京植物园、大兴南海子公园、密云滨河公园及奥林匹克公园、京藏高速绿化带和机场高速绿化带。采集土壤的植被类型为草地和林地。因高速绿化带和密云滨河公园基本是由林地组成，故仅采集林地土壤样品。密云奥林匹克公园以草地为主，且土层深度仅有40cm，故只采集两层土壤样品。

取样工作包括分别在林地和草地上挖取了1个80cm深剖面，并在每个植被类型上分别选取3个点打土钻，每个点在1m^{2}内均匀打3钻。剖面和土钻均分4层（0～15cm，15～30cm，30～50cm，50～80cm）取土样。取剖面原状土用来测定土壤容重；取土钻土样用来测定土壤有机碳含量。土样经自然风干、研磨、过筛等处理过程后，采用重铬酸钾滴定法进行土壤有机碳的实验室测定。

三、地面植被遥感数据和土壤样品数据分析方法

（一）植被生长趋势判读

对于2000—2010年的NDVI数据，采用最大值法生成年最大NDVI数据，对于图像中每一个像元，相应的有11年的NDVI时间序列数值，这些数据将揭示该像元在这11年的时间序列中的演变趋势。构造一条趋势线，如果斜率（即变化率）大于0说明植被状况正向良好趋势发展，植被覆盖度与时成正相关；如果斜率小于0说明植被正在退化，趋势的显著与否采用相关系数来判定。

$$slope=\frac{\sum_{i=1}^{n}x_i y_i-\frac{1}{n}\left(\sum_{i=1}^{n}x_i\right)\left(\sum_{i=1}^{n}y_i\right)}{\sum_{i=1}^{n}x_i^2-\frac{1}{n}\left(\sum_{i=1}^{n}x_i\right)^2}$$

$$r=\frac{\sum_{i=1}^{n}\left(x_i-\overline{x}\right)\left(y_i-\overline{y}\right)}{\sqrt{\sum_{i=1}^{n}\left(x_i-\overline{x}\right)^2\times\left(\overline{y}i-y\right)^2}}$$

式中：$slope$为拟合趋势线的斜率（即年变化率）；y_i为年序号；r为对应的年NDVI的平均值或者碳储量平均值；n为总共年数，本书中为11。

（二）植被生物量估算

结合遥感和实地调查数据，本课题对于植被地上生物量和根部生物量的，计算采用如下公式：

$$b=20.428\times\exp(40446\times NDVI)\times m$$

$$r=b\times 0.26$$

$$T_c=0.5\times\left(b+r\right)$$

式中：bT_C为地上生物量t；$NDVI$为像元对应的植被指数值；m为像元对应实地面积大小，由于本次研究使用的图像分辨率为250m，所以m值为6250m^2；r为根的生物量；T_C为地上植被碳储量。

（三）土壤碳储量估算

利用林地和草地土壤有机碳及容重测定数据，结合遥感植被分类数据，分别计算并汇总北京城区园林绿地林地和草地土壤中有机碳的存储量。公式如下：

$$S=\sum B_i\times L_i\times SOC_i\times 10$$

式中：S为土壤碳储量，t/hm^2；B_i为第i层土壤的容重，g/cm^3；L_i为第i层土壤厚度，cm；SOC为第i层土壤有机碳含量，g/kg。

四、研究结果与分析

根据2000—2010年年最大NDVI数据，可定量分析各城区及全市11年来NDVI的趋势变化，见表6-1。NDVI数据反映了植被长势的时间变化趋势。由表中数据可知，各城NNDW值都呈现上升趋势，但上升幅度和波动并不相同：丰台、东城、西城、宣武和东城区上升趋势较快，石景山和朝阳区虽也呈上升趋势，但趋势较为缓慢，海淀区最为缓慢，趋于直线。各区的最大值基本上都出现在2010年，其次是2007年。西城区和东城区通过了99%的显著性检验，西城区通过了98%的显著性检验，东城区和石景山区通过了95%的显著性线性检验，余下3个区没有通过显著性检验，说明增长趋势不明显。NDVI变化数据表明各城区植被长势越来越好，但海淀、朝阳的植被长势增强并不明显，其原因可能有很多种，如这些区域近年来城建和居住用地逐年增加。导致区内植被面积的减少抵消了植被每年的自然生长，反映在遥感数据NDVI上即数值呈现不明显增加。分析得出，尽管北京城市建设及居住用地逐年增加，但由于加强了城市园林绿化建设、拆违还绿等工作，总体上看植被覆盖度还是有所提高的。11年来全市年最大NDVI在0.7348～0.7830之间变化，最小值出现在2003年，最大值出现在2010年。从表6-1可以看出，植被指数的年变化率为0.0023，相关系数为0.4923，通过了90%的线性趋势显著性检验，说明近11年的北京市平均植被指数是显著增加的，植被长势良好。

表6-1 2000—2010年城区及全市NDVI年均变化率及相关系数

	东城	西城	崇文	宣武	石景山	海淀	朝阳	丰台	城区	全市
年变化率	0.0141	0.0143	0.0143	0.0126	0.0055	0.0031	0.0055	0.0274	0.006	0.0023
相关系数	0.6142	0.6437	0.7989	0.7483	0.5969	0.3788	0.4147	0.8243	0.5636	0.4923

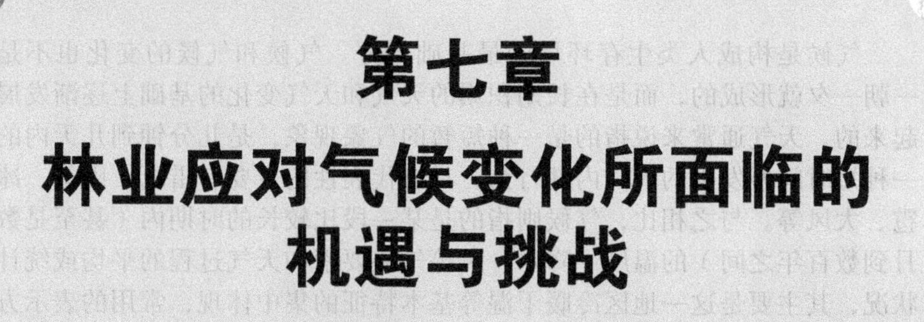

第七章
林业应对气候变化所面临的机遇与挑战

林业在应对气候变化中发挥着重要的作用，但同时也面临着巨大的机遇与挑战。目前，最为严重的问题是长期忽视森林经营工作，致使森林质量多年来持续下降，并且已造成了不可估量的后果。

第一节　温室气体增加导致全球气候变暖

一、气候变化

气候是构成人类生存环境的最基础部分。气候和气候的变化也不是一朝一夕就形成的，而是在长期积累的天气和天气变化的基础上逐渐发展起来的。天气通常来说指的是一种短暂的气象现象，是几分钟到几天内的一种短时间所发生的大气内部行为，具有代表性的主要有雷电、雨雪、冰雹、大风等。与之相比，气候则指的是某一段比较长的时期内（甚至是数月到数百年之间）的温度、降水、风等气象要素和天气过程的平均或统计状况，其主要是这一地区冷暖干湿等基本特征的集中体现，常用的表示方法是这一时期的平均值和对这个平均值的离差值。

由于不同时间段上的气候特征和不同时间尺度上的气候变化规律之间是存在一定的差异，所以呈现出来的气候也是不一样的。并且伴随着时间尺度的不断向前蔓延，地球环境及其他物质对大气运动的影响也是非常明显的。例如，在加热大气方式的基础上，形成了海洋表面的温度的变化，从而在一定程度上促进了大气运动的进行并使其产生异常反应。从这个角度来说，影响气候变化的因素除了大气内部的行为以外，还包括地球环境其他物质组成部分的行为运动。综上所述，我们必须从客观和科学的角度去全面认识气候变化和引起这些变化的因素，从而可以从根本上找到解决问题的方法。

气候系统是一个比较宽泛的概念，其构成也是多种多样的，主要包括大气、海洋及内在植物、陆地和冰雪等物质。目前，我们所了解的是人类活动已经能够在很大程度上对前面所说的这些气候系统的构成物质造成不同层次的影响，因此也跃身成为了构成气候系统的重要部分。而且这些组成物质之间并不是彼此分离的，而是相互交织在一起共同发生作用的，而我们经常所说的气候变化正是基于这个复杂的气候系统所发生变化的。

导致气候系统发生改变的因素是有很多方面的，总的来说主要包括自然的气候波动与人类活动产生的影响两种。在过去很长的一段时间内，引起气候发生变化的重要原因是太阳辐射变化、地球运转轨道变化和气候系统内在行为控制等一些正常的气候波动行为。而人类活动带来的影响是近些年逐渐发展起来的，其影响方式主要有人类燃烧化石燃料的增加、毁林活动、工农业生产导致的大气中温室气体浓度的增加、土地利用的改变等方面，并且所造成的影响是非常严重的。

二、气候变化的影响

如今，全球变暖已经成为国际社会最为关注的一个气候问题。全球变暖的含义指的是在一段时间内地球大气和海洋温度上升所导致的全球气温升高的一种现象。目前，世界范围内对引起全球变暖的原因比较一致的看法是温室气体（以二氧化碳为代表）排放过多造成的。

近100多年来，通过观察和研究发现，全球平均气温主要经历了两次比较大的波动，即冷—暖—冷—暖，但最终呈现的趋势却是整体上升的。进入20世纪80年代后，全球气温呈现明显上升趋势，分析其原因主要是大气温室效应的加强导致的。其主要形成机理是大气中的水汽和二氧化碳等气体，可以透过太阳短波辐射（指吸收少），只不过同时也可以阻挡地球表面向宇宙空间发射长波辐射（指吸收多），基于这个原理就导致了地表和大气温度的上升。正是由于这个原因，二氧化碳等气体就有了“温室气体”这样一个称号。只不过需要明白的是，温室效应并不会彻底消除，而只会在一定程度上得到减弱而始终存在，这也是地球生命得以繁衍的基础。

随着人类进入18世纪，工业革命的到来使得社会的发展对煤、石油和天然气等化石燃料的需求日益增加并产生严重的依赖性，并向大气中排入了大量的二氧化碳等温室气体，导致温室效应不断加强，同时也在一定程度上阻止了热力向太空反射的进程，这就导致了地表温度长期保持在一个比较高的水平。但是有一点需要注意，那就是在关注全球变暖控制人类行为的同时也要意识到气候自然波动对气温上升也有一定的影响。

目前，人类社会共同面临的十大生态危机包括：气候变暖、臭氧层破坏、水污染及淡水资源危机、有毒废弃物环境污染、生物多样性减少、酸雨、噪声污染、水土流失、土壤退化和土地沙漠化。而气候变暖则被列为全球人类社会所面临的十大生态危机之首。

引起全球气候不断变暖的原因是多方面的，首当其冲的则是人口的快速增长和活动规模的扩大。同时，温室气体增加的直接影响就是改变了大气的成分比例，其中二氧化碳、甲烷、一氧化二氮、一氧化碳、四氯化碳和氯氟碳化物等是可以引发温室效应的比较有代表性的气体。全球气候变暖的直接影响对象就是人类，气候反常所引起的厄尔尼诺、拉尼娜等现象直接威胁了人类的生命和财产安全，并在一定程度上加速了人类疾病的发病率和死亡率。

其中，政府间气候变化专门委员会（IPCC）曾在2007年的时候发布了《第四次气候变化评估报告》。根据这个报告所显示的内容，研究人员做出了大胆的预测，在未来的20年中，全球平均气温每10年将要实现0.2℃的增加。同时，还预测到2100年，全球的温度有可能在原来的基础上升高1.8～4℃，同时海平面将有增加18～59cm的可能。综上所述，我们可以发现在应对气候变化的时候，比较有效和合理的措施就是将温室气体的排放量控制在一个合理的范围内，并且需要采取相应的措施来提高对温室气体的吸收。

另外，全球气候变化所带来的影响也有很多方面，并且利弊共存，只不过负面影响更为突出一些，伤害性也更大，具体表现在以下方面。

（一）对森林生态系统的影响

森林生态系统构成了地球陆地生态系统的主体部分，它在生物多样性方面表现出了极大的优势。然而由于森林生态系统与气候之间有着非常密切的关系，因此气候变化给森林系统带来的影响也需要引起足够的重视。陆地上森林面积约占到地球总面积的1/3，其中全球森林有42%的分布在热带地区，属于热带雨林。森林贮藏了大部分生物量碳，估计约有1.146万亿吨碳。温室效应致使全球温度上升了2～3℃，温度的升高将在以下几个方面直接影响到森林生态系统。

1. 影响森林生态系统的功能

（1）21世纪末，在热带、温带和山区内有大量森林死亡的现象产生，生物多样性逐渐减少直至丧失，碳储量降低、森林其他服务功能也逐渐减退。

（2）陆地生态系统结构与功能发生了实质性变化。

（3）预计未来森林系统中有接近有1/3的物种面临灭绝的风险。

2. 影响森林生物量与净第一生产力

目前，研究界有关气候变化对植物生产力的影响还没有完全统一的科学结论。只不过经过预测，气候变化会对不同地区和不同时期植物生产率的增加和减少产生一定影响。

（1）气候变化评价表明影响程度是多变的。依据现场和卫星监测到的数据，显示最近55年气候变化对森林生产力产生的影响是积极和正面的。只不过这一点是有限制条件的，只有水不是限制因子的情况下这一结论才可以成立。二氧化碳肥料的作用是可以稳定平均生产力，只不过生产力由于受土壤养分水平的限制，导致最终的效果并没有达到预期。

（2）大气系统中在温度模式发生变化的同时，降水和太阳辐射模式也发生了相应变化。除了二氧化碳浓度迅速增加以外，森林植被对二氧化碳浓度升高所产生的反应一直以来都不确定，尽管有研究发现在树种生长初期，总第一生产力表现出迅猛增加的状态。

（3）据估算，当前我国的植被碳储量大约是6000亿～6300亿t；预计到2060—2100年，在Had CM2气候情景下预测将增加2900亿t碳。Had CM3气候情景下碳增加量则为1700亿t。

（4）如果氮和水是主要的营养影响因子，增加1倍的二氧化碳对什么样的树种都不会产生巨大影响。只有当氮和水不作为限制因子时，二氧化碳对树种的影响程度才会增加70%。

（5）从全球来看，估算的林业产量在短期或中期是与气候的变化有关联的。虽然森林产品在某一区域的变化通常比较明显，但是从全球来看，森林产品输出的总趋势表现的是先缓慢增加然后再稍微下降。

人们不仅对增加空气中二氧化碳可以提高碳吸收还存在一定的疑问（可能是碳汇），而且影响程度的大小和空间分布也一直备受关注。二氧化碳浓度增加，氮沉降和其他因素耦合的气候变化，直接影响天然林、人工林和草原生态系统内部的净第一生产力和生物量。尤其是在土地利用系统中，将对其碳计量和预测未来的碳汇或生物量汇集产生重要意义。

（二）对海洋系统及水资源的影响

近30年来，我国海平面上升趋势明显加剧。海平面上升导致的后果是一系列的自然灾难，如引发海水入侵、土壤盐渍化、海水酸化和海洋渔业资源和珍稀生物面临灭绝的危险。

气候变化对海洋系统的影响包括：海面温度上升，海冰融化增加，海水盐度、洋流、海浪状况发生变化等，这些影响将可能使沿海地区遭受不可估计的灾害侵袭，同时也会对沿海的生态系统造成影响，如湿地和植被减少等。而这些共同构成了威胁生活在沿海地区人们生活的不安全因素。

气候变化已经导致了我国水资源分布发生了变化。未来的水资源将面临人口增长及气候变化所带来的双重压力。导致水资源逐渐短缺的原因有很多，其中气候变化的影响要占到20%左右。气候变化中对水资源产生影响的因素为温度的变化、降水变化、海平面上升以及蒸发散变化四个指标。

近20年来，我国的河流资源总量有下降趋势，而且发生洪涝和干旱的情况也愈演愈烈，甚至极端恶劣天气也频繁发生。

大胆预测，在不久的将来气候变化将会受不断加剧的全球气候变化和日益增强的人类活动影响，干旱内陆河区水资源的数量、质量和空间分布将会发生显著变化，水资源与土地资源、粮食生产、能源生产使用、植被生态、生态系统服务及气候变化等等之间的关联特征也将发生变化。水资源安全与能源安全、粮食安全、生态安全之间的相互耦合与作用进一步趋向复杂，不确定性及风险水平大大增加。

（三）对生态系统和生物多样性的影响

目前，气候变化已经成为威胁生态系统和生物多样性的杀手之一。大气污染不仅对绿化树木的正常生长产生影响，而且也会对生活在这一环境中的昆虫带来相应冲击。在国外，人们很早就开始关注昆虫与大气污染之间的内在关系。1823—1833年，有人发现德国一个炼铁厂附近挪威云杉上的云杉小卷蛾种群数量与非污染区附近相比，竟然高出了7倍；1923年美国EVerden指出空气污染能改变昆虫与植物的相互作用；1990年国际林联第19届大会上环境污染与森林病虫害的关系成为森林保护的重要议题之一。桑叶如果受到氟污染，家蚕就会生长不良。氟化物同时也会导致欧洲松梢小卷蛾出现同样的情况，大气中高浓度的氟化氢降低了云杉对昆虫的防卫能力，导致云杉遭受严重的瘿蚜危害，其虫瘿数目与正常的云杉相比要多出500~2000个/株。

气候变化还可能使某些本已濒临灭绝的物种的生存环境更加恶化，对野生动植物的分布格局、结构、生物量、数量、密度和行为会产生直接的冲击。同时，气候变暖也迫使许多物种向更高的纬度和海拔进行迁移，但是当这些物种无法再继续迁移时，就会形成地方性的甚至是全球性的灭绝。世界自然基金会的报告指出，如果全球变暖的趋势得不到及时和有效遏制，那么到2100年时，全世界将会有1/3的动植物栖息地发生根本性改变，这样的后果就是大量的物种将会灭绝。此外，由于人类社会对土地的不合理占用，导致生态系统无法进行自然的迁移，致使原生态系统内的物种同样遭受重大损失。

（四）对农牧业生产的影响

气候变化对我国农牧业生产所造成的影响已经非常明显，不仅增加了农业生产的不稳定性，而且局部地区持续高温的恶劣天气更为频繁，甚至干旱迭起。另外，由于因气候变暖还改变了农作物的生长周期，由季节变化导致的伤害也不容忽视。我们可以预测，未来气候变化还会对农牧业的生产带来强烈的负面影响，并且主要的农作物会表现出明显的产量下降的趋势。还有就是随着这一系列的变化，农作物病虫害和草原火灾的发生频率也会持续上升。

农牧业的生产都会由于气候的变化而受到不同程度的影响，其主要表现为农业生产的不稳定性增加和产量的起伏较大。如果全球气温持续升高，全球粮食的供给和需求将呈现出不平衡的状态，而那些农业生产比较脆弱的地区也将会面临严重的粮食危机。

（五）对社会经济等其他领域的影响

气候变化对社会经济等其他领域产生的影响也是深远的，甚至给国民经济带来不可估量的损失。所以说，在采取一定的措施来应对气候变化的同时需要付出足够的经济和社会成本来作为代价。另外，气候变化还会增加疾病的发生和传播概率，影响人类健康；在一定程度上增加地质灾害和气象灾害发生的概率，对一些重大工程的安全造成威胁；使公众的生命和财产安全受到的威胁增加，影响社会正常生活秩序和安定。

三、我国林业建设成就及对减缓全球气候变化的贡献

（一）我国林业建设所取得的成就

我国政府同样高度重视气候变化所带来的影响，将发展林业放在战略发展的优先位置。特别是改革开放30年来，我国政府先后制定了一系列的方针政策来应对气候变化，在重视、支持林业生态建设的基础上，探索出了一整套与我国的实际国情和林业状态相符合的生态环境建设模式。我国林业建设所取得的成就，主要可从以下几个阶段来进行探究。

第一阶段是大力植树阶段（1978—1983年）。1978年12月党的十一届三中全会胜利召开，并做出了把全党的工作重点转移到社会主义现代化建设上来这一重要决策，在此基础上林业建设也开始走上正常的发展轨道。通过林业“三定”工作、启动“三北”防护林体系建设工程等政策的实施，森林面积得到了一定程度的增加，生态环境得到明显改善。

第二阶段是加强森林保护阶段（1984—1991年）。随着木材市场的逐步开放，林农和集体的木材开始自由上市，在利益的驱动下，乱砍滥伐现象时有发生，并且局部毁林现象层出不穷。面对着一现状，国家除了保持开展植树造林工作以外，还特别通过制定相关的森林保护政策来加强对森林的保护工作，并将森林保护的立法提上了日程，希望通过法律法规的形式来为林业生态建设保驾护航。以《森林法》的出台为标志，我国林业生态建设迈入了法律保护阶段，做到有法必依，违法必究。

第三阶段是可持续林业阶段（1992—1997年）。随着全球环境问题的日益突出以及全球一系列保护环境政策的出台，我国的林业生态建设也迈向了一个新台阶，林业生态建设的地位得到全面提升。其次，截至1999年底，我国已建成的各类型湿地自然保护区262处，保护面积1600万hm^2。到1997年底，全国防沙治沙工程已完成治理的面积达到768.8万hm^2，大量荒漠化土地得到有效改善，一些地区的生态环境和农牧业生产条件改善彻底。

第四阶段是生态林业阶段（1998—2008年）。这一时期我国的各种自

然灾害发生率极高，针对这一情况我国政府相继出台了一系列的政策来促进林业生态的建设，并且效果显著，林业发展实现了跨越式前进。在当今世界森林资源总体下降的情况下，我国可以说是实现了森林面积和蓄积量双增长的局面。

（二）中国应对气候变化国家自主贡献

2015年6月30日，中国向公约秘书处提交了应对气候变化国家自主贡献报告“强化应对气候变化行动——中国国家自主贡献”。中国自主贡献报告主要包括以下内容。

1. 所取得的成效

十八大以来，中央高度重视应对气候变化工作，将应对气候变化融入国家经济社会发展大局，进一步完善应对气候变化顶层设计和体制机制建设，为推动落实新发展理念、推动国际气候治理与生态文明建设做出了重要贡献。

2012年以来，国家先后制定发布了《国家应对气候变化规划（2014—2020年）》《国家适应气候变化战略》《“十三五”控制温室气体排放工作方案》等重大战略文件，完善了应对气候变化战略与政策体系，加快推动了产业结构调整和转型升级以及落后产能淘汰；扎实推进了低碳试点示范和碳市场建设，目前已基本形成涵盖低碳省（市）、低碳工业园区、低碳社区和低碳城（镇）试点的全方位多层次低碳试点体系，不断深化气候变化国际合作，积极推动《巴黎协定》达成与实施，南南合作成效显著，为深化全球应对气候变化国际合作与构建人类命运共同体做出了重要贡献。

经过持续努力，我国应对气候变化与低碳发展工作成效突出，适应气候变化基础能力的不断提高。“十二五”（2011—2015）期间，我国能源活动单位国内生产总值二氧化碳排放累计下降20%，超额完成下降17%的约束性目标；经济结构与能源结构优化取得明显进展，2016年，服务业占GDP比重上升为51.6%，比2010年提高了7.5个百分点；全国煤炭消费量下降4.7%，非化石能源占一次能源消费比重达到了13.3%，比2010年提高3.9个百分点。

但与此同时，也要清醒地认识到，我国气候变化战略实施过程中存在一定的问题，这在一定程度上限制了低碳发展工作的深入开展和政策效果。

2. 行动目标

我国尚处于工业化、城镇化较快发展阶段，既要满足随经济社会发展不断增长的能源需求，又要应对全球气候变化减缓二氧化碳排放，必须推进能源生产和消费革命，走绿色发展、循环发展、低碳发展的路径。大幅度降低单位GDP的能源强度和二氧化碳强度，即大幅度提高单位能耗和单位二氧化碳排放的经济产出效益，成为统筹经济社会持续发展与减缓全球气候变化的核心指标和关键着力点。作为发展中国家，我国所确立的是二氧化碳排放强度下降的相对减排指标，而二氧化碳排放总量在一定时期内仍会有合理增长。这也体现了《联合国气候变化框架公约》“共同但有区别的责任”的原则。

“十二五”时期，中国制定了单位GDP能源强度下降16%、二氧化碳强度下降17%的目标，据估算，2014年底已分别下降13.6%和16%，“十二五”节能减排目标可以顺利完成。中国已成为世界节能和利用新能源、可再生能源第一大国，已经为全球应对气候变化做出了显著的贡献。

3. 实现目标的政策和措施

分解与落实国家中长期应对气候变化目标。不论是2020年、2030年，还是2050年低排放发展战略目标，其完成都需要合理的目标分解与路径设计，将长期的发展要求融入到与当前的各项具体工作当中。由于我国幅员辽阔、区域差距比较明显，各地所处的发展阶段不同，产业结构、能源结构与发展定位不同，导致各地对碳排放达峰等中长期战略目标的态度呈现出较大的分化，产业结构偏重工业、煤炭消费比重高、经济发展水平低、资金与技术支持不足的地区完成应对气候变化目标势必面临更大的难度与挑战。另外，目前关于应对气候变化目标可行性与经济社会影响的分析评估不足，也限制了地方推动应对气候变化工作的积极性。

第二节　生态危机

一、生态理论

（一）生态经济学的实质

生态经济学的思想实质生态经济学是生态学和经济学相融合而成的一门交叉学科，它是以生态经济为研究对象的经济学理论。生态经济是一种相对于农业经济和工业经济来说的一种经济形态或经济发展模式。它以当代人类对经济与环境的辩证关系的认识为出发点，重点说明了在实际的经济发生过程中节约资源与保护环境是处在同样重要的地位的，这就要求我们要做到，在注重经济效益的同时也不能放松对生态环境的保护意识。基于这方面的原因，如何对自然的经济价值进行解释就成为了生态经济学所研究的重点问题。

从生态经济学的理论框架出发，我们需要认清楚两个事实：其一，自然的自有资源和承受能力是有限的，并不是取之不尽用之不竭的；其二，人类对自然资源的开发和利用又是一个不可避免的事实。其实这两者之间是一个矛盾体的存在，我们能做的就是寻找两者之间的一个平衡。同时用经济学的思维认识生态问题，用生态学的原理解释经济活动。

（二）对环境问题的生态经济学解释

环境产品从本质上来说就是一种公共产品，没有严格的机制说某个人必须支付相应的费用才可以消费这种产品，从某种角度来说环境产品就是免费的。但是相关企业生产环境产品却是要付出相应代价的，这就导致了外部性的产生。在传统的经济生活中，人们由于缺乏对环境产品的认识，国民生产总值和国内生产总值都没有对环境指标和资源指标进行相关说明，因此，一个国家对经济发展所产生的影响程度也就不能通过环境资源的状况反映出来。所以基于以上原因，传统的经济学理论也就不能很好地解决环境产品的外部性问题。

生态经济学的诞生，使得环境产品的研究也被提到议事日程上来。生态经济学以产业结构理论、产权理论和外部性理论为基础，对环境和资源问题进行了理论上的说明：产业结构理论表明，经济发展是产业结构层次不断递进的过程，经济发展初期的资源与环境问题是和产业结构低级化具有紧密联系的，这些问题要通过产业结构的提升加以解决；产权理论认为，产权界定是解决资源耗竭和环境恶化的有效方式，但切记不可一味夸大产权的作用。其原因除了各种资源的产权界定难度不同以外，就算在产权界定清楚的情形下，如果资源价格不适宜，还是有可能出现资源的过度开发，给环境带来灾难。同时，完全将所有资源的产权私有化又与实际不符。因此，外部性理论认为，产品提供的手段可以划分为市场渠道和政府渠道，并在此基础上增加私人产品和公共产品的分类。市场经济制度下，市场渠道与政府渠道相比在效率和公平方面的优势更加凸显了，而市场渠道在外部经济或不经济方面表现出的不足之处，可以在政策的引导和规范下实现以混合经济理论指导为基础的环境产品市场的健康运行。

（三）碳汇市场化的要求

森林的存在主要是对大气中的二氧化碳起到一定的吸收和固定作用。只不过森林的这种作用具有很强的技术外部性，如果缺乏足够的市场机制的引导，就会导致生产碳汇所使用的资金发挥不出最优的价值。从这个层面来讲，碳汇在生产和供给方面就变得缺乏足够的激励性了。针对这一情况，就算使用作为外部力量的政府调节和资金供应来进行应对，要想从根本上彻底解决还是存在一定难度的。综上所述，如果想要彻底解决碳汇活动的外部性问题，还是要从碳汇的市场化问题入手，同时还要注意相关政策的支持和引导作用。

从理论的角度来说，讨论市场化问题不能脱离产权问题而独立存在，特别是当碳汇被设计成一种商品进行交易时，人们又会习惯地开始讨论有关森林产权和碳汇产权的问题。碳汇产权如果能够私有化，碳汇市场的构建就会相对容易一些，而实际上却没有想象得这么简单。只要想到碳汇交易最终是想通过植树造林来达到使森林的储碳能力得到大幅提升的目的，同时增强适应气候变化的能力。这种生态效益本来就是一种全球性和无边界性的体现，从这个角度来说这就是享受权。此外，碳汇项目的有效期是经过明确规定的，因此，从这个角度来说不一定具有所有权，通常情况下只拥有有效期内的使用权是无法从事碳交易的。那么，如何将碳汇使用权从全体所有转变为个体所有，依然离不开碳汇市场的帮助。

二、生态危机

在人类社会的发展过程中，经济、政治对自然生态的影响已经远远超出了人类的预料和控制，生态环境出现了种种不和谐的问题。在伴随着社会进步的同时，却出现了制约社会进步的对立面——“生态危机”。

生态危机已经严重威胁到了人类的生存和人类社会的发展。而种种生态问题的造成，又和人类在社会发展中的意识和行为紧密相关。可以说，人类是生态问题的主要“创造者”，也是解决问题的关键环节。

第三节　气候变化给林业发展带来的机遇

实际上，不同的对象和地区对气候变化的反应是不同的，它反映了系统和地区的敏感性。研究表明，以全球变暖为特征的气候变化对国民经济的影响可能以负面为主，影响程度取决于部门或系统的脆弱性及适应能力。脆弱性指的是由于气候变化对自然系统和人类社会造成的不利影响的可能性；与之相对应的是部门和系统的适应性和适应能力，强的适应能力可以在某种程度上使脆弱性得到降低，也就是说可以适当减小这种气候变化所带来的不利影响。

一、中国林业整体发展状况

（一）森林资源总量显著增加

我国历史上森林资源也是非常丰富，但由于战乱等原因使得新中国成立初期森林覆盖率大幅下降，水土流失严重，自然灾害频繁发生。从20世纪50年代起，我国开始以植树造林为主的生态建设。先后在山区启动实施了太行山绿化、三北防护林建设、风沙危害区治理、退耕还林等一批重大林业生态建设工程，大力营造防护林、水源涵养林、水土保持林和风景林。随看森林资源的增长，我国已初步建设成为山川秀美、空气清新、环境优美、生态良好、人与自然和谐、经济社会全面协调、可持续发展的生态大国。

（二）林业碳汇基础技术研究陆续开展

20世纪90年代以后，我国陆续开展林业碳汇相关研究。例如，“森林土壤中几种温室气体的释放与吸收机理及动态研究”“森林资源价值核算”等课题，初步构建出山地白桦林、辽东栎林和油松林三种温带森林生态系统的碳循环模式，提出主要森林类型及林种的平均碳储量及变化模型，探明杨树人工林生态系统的碳储量和碳循环过程等。并根据我国森林资源调查数据，初步摸清了我国森林资源的碳储量和碳汇量。其中随着“平原碳汇造林项目方法学的开发”等林业碳汇项目的开发，在研究及示范杨树速丰林和果园系统增汇技术、综合分析国内外多种森林碳汇计量监测方法、结合现有公顷级固定样地的基础上，通过新建并整合已有碳通量监测点，初步形成定点即时监测和长期固定监测系统相互补充的、城乡一体化的林业碳汇监测网络体系，研究制定适宜本地区应用的包括碳汇营造林和计量监测等相关技术指离和项目方法学。为完善生态涵养区生态补偿政策、推进首都林业碳汇发展提供技术支撑。

（三）科普宣传工作广泛开展

2007年以来，共编印、分发林业应对全球气候变化相关的宣传折页和手册30多万册，印刷碳汇宣传门票15万余张，制作科普展板10套、200多块，编制宣传短片3套，开发了“林业碳汇宣传触摸查询机”“碳足迹计算器”和“碳排放计算罗盘”，制作林业碳汇人物专访和专题报道等，组织媒体采访报覆道40余次，举办零碳会议6次，组织开展包括“生态科普暨森林碳汇”“零碳音乐季”“森林音乐会”“低碳环湖行走”等在内的大型宣传活动30多次。通过碳汇宣传进机关、进社区、进学校、进企业、进公园等5进活动，以发放宣传折页和碳足迹计算罗盘、展板展示、专题演讲、现场问答等形式，普及林业碳汇知识，累计受众达上亿人。并开发了相关网站，通过链接碳足迹计算器、开发林业碳汇知识版面、倡导零碳会议和低碳办公方式，引导公众中和日常碳排放，累计已有上千万人次点击网站并使用碳足迹计算器。通过广泛宣传，林业碳汇相关知识和理念正在逐步被公众知晓和接受，各地新闻媒体对林业碳汇工作进行的大量宣传报道在国内外产生了广泛的影响。

（四）国内碳汇基金不断壮大

随着我国林业碳汇工作的深入开展，越来越多的人对造林增汇的活动表示出极大的意愿。相关单位也紧抓发展机遇，积极与多部门合作，于2008年成立了中国绿色碳汇基金，社会各界人士都积极响应并参与其中。通过社会各方征集来的资金已陆续投入相关的碳汇工程项目中，为后期应对气候变化和生态文明建设事业作出了积极的贡献。

（五）林业碳汇能力建设工作扎实推进

为提高园林绿化工作人员以及社会公众的碳汇意识，一些城市园林绿化局自2005年起开始举办“现代林业发展理念与实践”高级研修班，邀请国内外相关专家集中讲授“林业碳汇问题”，在专业技术人员中讲解林业碳汇。具有代表性的是自2008年以来，北京市园林绿化局连续举办了五届“森林论坛”，在全市各级园林绿化系统内相继举办了40余次林业碳汇知识和技术培训班，培训内容涵盖了全球气候变化、林业在应对气候变化中的作用、气候谈判形势发展、国内外林业碳汇发展现状及趋势以及林业碳汇项目相关操作技术等各方面，累计培训管理和技术人员3000多人。同时，也在北京市审计局、北京体育大学、昌平区团委等单位开展林业碳汇知识培训10余次，让更多的公众详细了解碳汇相关知识。

二、我国林业应对气候变化的途径

森林的定义是：以乔木为主体的植物群落。而林业指的则是整个的森林系统，是存在树种组成和结构（如层次结构）的。由于不同森林的树种组成和结构是有差别的，因此形成许多不同的森林类型。例如，按气候地带分，有热带林、温带林、寒带林。一个分布广泛、生长范围大的树种，也存在不同的地带森林。按森林的起源分，有天然林和人工林。在天然林和人工林中，也有不同的森林类型，如原始林、次生林和不同树种组成的森林。按树种性质分，可以分乔木林、针叶林、阔叶林、落叶林、常绿林。按树种组成与结构分，有纯林、混交林、单层和复层结构的森林。按森林用途分，又有用材林、防护林、特种用途林、经济林和竹林。这些不同的森林类型各有各的特性，而且应对气候变化的能力也是不同的。

（一）提高天然林的固碳能力

天然林是自然界中结构最复杂，生态功能较大的森林生态系统。根据最近国家林业局发布的数字，全国天然林面积1969.25万hm^2，占有全国林地面积的65.99%、森林面积的85.33%，是我国森林资源的主体，在维护生态平衡，应对气候变化，保护生物多样性发挥着关键的作用。天然林主要树种按面积比重大小排列分别为栎类、桦木、马尾松、落叶松、云南松、云杉、冷杉等。分布面积大的省（区）有黑龙江、内蒙古、云南、四川及西藏等，这5省（区）占了51.35%。

天然林从人工干扰的程度看，可分为两类：一类是人为干扰很少，或没有人为干扰，林分（群落）的组成、结构还是原始状态，一般称作原始林；另一类是经过不同程度破坏，其组成、结构与原始的已经不同，称作次生林，但其起源仍然是天然的，如北方一些原始林被破坏后形成的栎类林、杨桦林，南方的马尾松林和萌芽为主更新形成的栲树、栎树、木荷、樟树等常绿阔叶林，或常绿落叶阔叶林。有些次生林经过多次不合理利用，如多次砍伐长期形成了萌芽林，有些甚至破坏成草地，后来人们将这些由不同破坏程度形成的次生林、灌丛地或草地，划分为不同的演替阶段。从生态功能看，从原始林退化到次生林，再进一步退化到灌丛和草本植物群落，主要是人为干扰而不断退化的过程。从森林生长或光合作用来看，从天然林、次生林到人工林不一定下降，有的甚至是更高。但退化到灌丛和草本植物群落，植被生产力和固碳能力都显著退化了。从提高森林生产力和固碳能力以及森林生态功能开始，灌丛与草本植物群落应重建森林生态系统。这就是林业工作者长期从事的造林事业。

对于生态功能而言，原始林很高，在维护当地的生态、环境和生物多样性方面价值很大。原始林单位面积蓄积量也很高，但由于其树龄长，其光合生产力未必是最高的，干扰不严重的次生林生长量却是比较高的。特别是经过人工集约培育的次生林或人工林，光合生产力会很高，这些是由组成树种的性质和集约培育强度决定的。

总的来说，天然林中的原始林蓄积高，林分的碳储量也高，但年生长量低，年固碳能力不高。有一个例外，即西藏波密林芝的藓类云杉林是多世代原始林，主林层高达65m，林龄250a，全林分生物量达1604.31t/hm^2，平均年生物生产量也达到了6.43$t/(hm^2 \cdot a)$。我国西南高山林区的云杉林也可以达到很高的年生长量，有强大的储碳和固碳能力。天然林中一些人为干扰轻，而立地条件好的中幼龄次生林，其年生长量大，固碳能力强。有许多的次生林，由于各种因素，最主要的是长期人为干扰和不合理利用，导致其生产力很低，固碳能力差。但许多生产力低的次生林主要是地上林木质量差，其土壤尚较肥沃，经过改造可以恢复较高生产力。因为次生林面积很大，对林分质量好的次生林进行保护，对林分质量差但立地条件好的次生林进行改造可以提高固碳能力。

（二）提高人工林的固碳能力

我国森林资源总量不多，中国天然林虽然面积大，但由于国家生态建设的需要大部分要加以保护，今后国家木材及其林产品的供应很大程度上要由人工林来承担，改善国家生态环境和应对气候变化也离不开人工林，发展人工林在中国既重要又迫切。中国人工林面积已达到6168.84万hm^2，占有全国林地面积的34.0%。人工林面积中乔木林占64.84%，经济林占31.59%，竹林占3.57%。在人工林中人工纯林占86.80%，混交林占13.20%。人工林主要优势树种按面积比例由高到低排列分别为杉木、杨树、马尾松、落叶松、桉树、油松、湿地松、柏木、华山松、云南松，而杨树、落叶松、桉树属树种组（代表着几个树种）人工林。人工林主要分布在广西、广东、湖南、四川、福建诸省（区），占全国人工林面积的36.60%。

当前我国人工林基本上实现了良种化，包括优良的种源，优良的家系（种子园），有的还实现了无性系化，如桉树、杨树，因此集约化栽培的人工林生产力和固碳能力十分高。桉树、杨树的速生丰产林年生长量已达到每年每公顷15～22.5m^3，年净生物生产量达10t/hm^2，有很高的固碳能力。杉木、马尾松、落叶松速生丰产林也达到了9～12m/hm^3。但我国人工林生产力总体上不高，主要由于集约栽培技术未能真正落实到广大造林地区。如何才能进一步提高人工林生产力和的固碳能力，尤其需要在以下三方面作出努力。

（1）选择好造林地是提高人工林固碳能力的基础。人工林的光合生产力与立地选择关系密切，一个树种或一个优良品系，都有一个适宜的生长范围，包括对气候的要求，土壤的要求或地形的要求，地形是间接的，但也是综合的。中国造林中有一个最基本原则，叫适地适树。从地来说要选择适宜的树种种植，从树来说，要选择适宜的地来种植。造林最终为了要取得多的收获、取得好的经济效果，包括取得好的固碳效果为此必须做到适地适树。

我国大面积人工林生产力低下，重要原因是未能把握好适地适树种植。为提高森林的生产力和固碳能力，在发展造林时，必须要选择好造林地，做到适地适树才能实现发展人工林的预期目标。

（2）选用良种是增加森林固碳能力的关键。应用良种对增加人工林的光合生产力是十分重要的。我国十分重视良种选育，从20世纪50年代就成立机构，致力于树种改良，从调查优良林分优树，建立母树林和种子园，到种子区划分、组织种源试验，选择优良种源、家系和无性系，使我国的人工林由过去任意的盲目采种育苗，变为今天培育良种壮苗。人工林遗传品质有了很大提高，生产力也得到很大程度的提高。杉木、马尾松、落叶松等全国性的种源试验、优良种源选择和种子园提供的种子，已使这些人工林的生产能力提高了10%～20%。现在，杉木、马尾松速生丰产人工林每公顷年生长量可以达到10～12m^3，以良种为基础的杉木优化栽培模式每公顷出材量可以达到9～15m^3。

（3）密度控制是提高人工林固碳能力的保证。同农作物一样，适宜密度的人工林才能高产，人工林经营在整个培育周期中的密度控制有几个目的，一是使每一块有林地充分地利用光能。如果种植稀疏光能就不能充分利用，而且杂草滋生有害于林木生长。如果太密了，林木又过分拥挤，每一株林木获得光能少，培育不成有用林木。二是调节林木的受光程度。在林木不同的生长发育阶段，由于林冠的发育，林木的郁闭度加大，林内透光度缩小，影响林分质量和延长林木的收获期。三是使光照更多地分配到需要培育的林木上。实际上作为育林者，调整林分的密度，不完全为了达到最高光合效率，而是为了培育利用某种林产品的需要。

叶面积指数（是指林分的叶面积与林分占有的林地面积之比）是林冠层结构的重要组成部分，影响到太阳能的截获量，并影响到水、热、气等环境因子，最后影响整个林分的光合效率。森林显著的高光合效率和生产力是和叶面积指数有关的，只有当植被叶面积达到植物生长的陆地表面积的4倍以上时（即叶面积指数为4），才有可能到达净初级生产量（光合效率）的峰值。大多数疏密适度的森林，几乎在整个生长季内，叶面积指数都在5以上。巨大的叶面积是森林之所以具有显著光合优势的原因之一。据报道森林每平方米地表面总叶面积在5～52m^{2}之间。有人发现生物量随投影叶面积的增加而增加，大多数生物均有相似的关系，并认为林分潜在最大生物量累积与叶面积增长之间存在比例关系。有专家研究了中短轮伐期杨树林的叶面积与生物生产量的关系，认为同一树种在同一地区群落生物生产力的高低主要取决于叶面积指数的大小，即杨树生物生产力是随叶面积指数的增加而呈指数增加（即随叶面积指数增加生物生产力增长速度逐渐减缓）。森林的叶面积指数，在林龄相同时是随林分密度增加而增大的.同一密度林分叶面积是随林龄增加而增大的，但增加的幅度有所不同。因此在相同立地条件下，随着林分密度增加与叶面积指数增加，光合生产率也不断提高。中国林业科学研究院在江西大岗实验中心同一地位指数级，4个不同密度16年生林分生产力比较，说明林分密度对生物生产力的影响。

结果显示，在同一立地条件下，在一定的树龄范围内，随着林分密度的增加，光合生产力是不断提高的，但与邻近的密度林分，到16年时已经十分接近，如果以最密林分（初植密度为9944株/hm^2）生物量为100，那邻近密度（初植密度为6667株/hm^2）为0.90，生物生产力只差10%。预计大致在20年后可以相交。如果只从光合效力看，在一定年龄范围内，密植的林分光合效力高，固碳能力强。

（三）增加木质林产品碳储量

研究表明，木制品在生产和加工过程中所消耗的能源比制造同样的铁、铝等材料制品所排放的温室气体低很多。同时有数据显示，用1m^3木材来代替同样的水泥、砖材料来进行生产，大约可以减少0.8t二氧化碳的排放量。木制品只要不腐烂、不燃烧，都是重要的碳库。因此，扩大木材使用范围，延长木制品使用寿命，均可以增加木质林产品的储碳总量。专家初步测算：从1961—2004年期间，我国木制品碳储量约达12～18亿t二氧化碳当量，这是林业对减缓气候变化的重要贡献。

三、我国林业应对气候变化的指导思想和总体目标

（一）我国林业应对气候变化的指导思想

以科学发展观为指导，按照《中国应对气候变化国家方案》提出的林业应对气候变化的政策措施，并在结合林业中长期发展规划的基础上，依托林业重点工程，使森林面积得到快速增长的同时又保证了森林质量，强化森林生态系统、湿地生态系统、荒漠生态系统保护力度。依靠科技进步，统筹推进林业生态体系、产业体系和生态文化体系的整体建设进程，不断使林业碳汇功能得到加强，增强中国林业减缓和适应气候变化能力，为发展现代林业、建设生态文明、推动科学发展做出新贡献。

（二）我国林业应对气候变化的总体目标

推进宜林荒山荒地造林，扩大湿地恢复和保护范围，加快沙化土地治理步伐。继续实施好天然林保护、退耕还林、京津风沙源治理、速生丰产用材林、防护林体系建设工程和生物质能源林基地建设；努力扩大森林面积，增强中国森林碳汇能力。采取有力措施，加大森林火灾、森林病虫害、野生动物疫源疫病防控力度，合理控制森林资源消耗，打击乱砍滥伐和非法征占用林地和湿地的行为，切实保护好森林、荒漠、湿地生态系统和生物多样性，减少林业碳排放。

四、气候变化所带来的林业发展机遇

当今世界，信息技术日新月异。在全球信息化进入人工智能新阶段，我国网信事业和林业现代化建设也全面迈入新时代的形势中，林业信息化迎来新的更大的发展机遇。面对新时代、新机遇，我们要将智能化融入绿色发展理念，既要乘势而上，也要顺势而为，抢抓机遇，迎接挑战，应对气候变化给我国林业的发展带来了以下机遇。

（1）过去五年，全国林业系统大力推进林业现代化建设，林业改革发展取得了显著成就。全国森林面积达31.2亿亩，森林蓄积量为151.37亿m^3，城市建成区绿地率达36.4%。林业发展始终坚持绿色惠民、绿色富民，预计今年全国林业产业总产值将突破7万亿元，带动108万人精准脱贫，林业促进农民就业增收的作用日益凸显。

（2）基于绿色发展理念，将在发展生态养老产业的生态系统完整性和稳定性的前提下，积极开展森林多种经营，发展森林旅游等特色产业，努力把良好的生态转化为生态公共服务，构建内容丰富、规模适度、布局合理、满足不同群体需要的生态公共服务网络。

（3）林业人工智能的到来。人工智能在经历了60年发展、两次蛰伏之后，终于以全新的姿态脱颖而出，显现出良好的发展前景，给人类社会带来一次又一次惊喜，而人工智能为林业信息化带来的“惊艳”更值得期许！林业地域偏远，空间广阔，正是人工智能用武之地；林业行业传统，操作简单，应用人工智能效果显著；林业劳动密集，工作重复，人工智能可以大显身手；林业灾害隐蔽，管理困难，急需人工智能解决难题。2017年11月，在第五届全国林业信息化工作会议上，建龙局长立足新时代明确提出智慧引领战略，要求加快林业人工智能发展，林业信息化将进入人工智能引领新阶段。

（4）充分发挥林业在应对气候变化中的作用，不仅涉及造林、森林经营，还涉及通过发展林木生物质能源替代化石能源和利用生物质材料替代化石能源生产的原材料等方面。如利用油料能源林生产的果实榨油可转化为生物柴油等。这些不仅可以大大降低温室气体排放，也可以促进林业经济可持续发展。

总之，在应对气候变化大背景下，林业发展在面临着战略机遇的同时，重大挑战也不容忽视。

第四节　气候变化给林业发展带来的挑战

首先，气候变化加剧了对人类健康的威胁程度，尤其是那些生活在热带和亚热带这些本身环境就比较恶劣的地区，气候变化对他们的健康、生活的影响无疑是雪上加霜。实际影响程度与当地环境和社会经济状况有很大关系，对于每个表现出来的对人类的负面影响，都有一系列社会、制度、技术和行为等方面的适应性措施来减少这种影响。例如，适应对策包括加强公共健康基础设施的建设、针对健康进行环境管理（包括空气和水质量、食物安全、城镇和住房设计以及地表水的管理）、提供适当的医疗保健。

其次，农业生态系统生产力对气候变化高度敏感。在温带地区，温度升高较低时产量会增加，但温度升高较高时，产量将会减少。在大多数热带和亚热带地区，无论何种程度的温度升高，都会使谷物产量降低。采取自动的农业适应措施（如种植时间以及作物品种的变化），估计作物产量受到的气候变化的负面影响比不采取适应性措施要小。几摄氏度或者超过几摄氏度范围内的变暖预计将使全球的粮食价格增加，而且可能使众多人口遭受饥饿的风险。

最后，气候变化所带来的影响也波及到了水资源领域，这将给以后的水资源管理和洪水管理带来更大的挑战。

一、林业发展过程中存在的问题

党的十九大从新的历史方位对决胜全面建成小康社会、开启全面建设社会主义现代化国家新征程做出了重要安排部署。林业现代化既是国家现代化的组成部分，也是国家现代化的重要支撑。生态兴则文明兴，国家强林业必须强。建设社会主义现代化强国，实现中华民族伟大复兴，必须有良好的生态、发达的林业。

（一）实现2020年森林增长目标任务艰巨

通过调查结果来看，森林“双增”目标在初期的时候表现还是比较好的基本完成了森林蓄积增长目标。但是，后来随着时间的迁移，森林面积增速逐渐放缓，只有初期时的一半左右。另外，从林地的质量考虑的话，质量较好的只占到1/10左右，大部分还是比较差的，基本上是分布在西北、西南地区，这就给造林带来了一定的难度，同时成本的投入也增加很多。由此可见，如果想要实现森林面积所确立的增长目标还有很长的一段路要走。

（二）严守林业生态红线面临的压力巨大

通过对2009—2013年间的林地面积的调查，结果显示，各类不合理的违规建设所占用的林地面积每年达到200万亩，而且这个数字还在不断增长。此外，毁林开垦问题依然不容忽视。目前，我国的城市化和工业化进程在不断加速，可以被利用的生态建设空间越来越少。由此可见，我们为了坚守住维护国家生态安全的底线所面临的压力可想而知。

（三）森林有效供给与日益增长的社会需求间的矛盾依然突出

世界上大多数国家在森林可持续问题上，都是发展以木材及其加工业为主的林业产业，进而实现林业可持续发展，而不是长期靠国家财政补贴。国家投资林业自然是越多越好，如果没有林业行业的创新经营，森林质量精准提升永远是一句空话。当前，林业工作者承担的责任十分艰巨。更为担忧的是当前普遍存在的一些片面认识与做法，如极端强调生态，单方面念生态经，忽视木材产业，不考虑经济效益；利用国家投资，用非采伐的方式培育森林；用静态方式把森林保护起来，对木材不进行科学利用，甚至有的地方将森林管护代替森林培育；发展林业产业只注重林下经济和森林旅游，对木材及其加工业避而不谈，等等。

因此，当前必须高度重视森林经营工作，端正指导思想，纠正各种片面认识，真正把森林经营看成是林业永恒主题，可持续经营的基础，把森林经营贯穿于林业生产全过程。

二、发展我国林业碳汇的建议

（一）加强人才培养

实现科学的森林经营是当前林业刻不容缓的任务，也是一项长期而艰巨的任务。只有在科技教育和人才素质不断提高的基础上才能实现。要加大对林学基础学科的扶持和支持力度，完善和充实森林经理的知识体系，改进林业院校毕业生的就业政策。加强森林经理技术骨干培训，组织森林经营方案试点、示范和推广。

（二）加大投入力度

提高创新能力。国家要从根本上重视森林经理工作，特别是编制森林经营方案的基础工作（如森林调查数表的修订、森林专业调查等），要加大投入。要重视森林经理的科学研究和试验，提高创新能力。完善森林经理学科，要发扬集体智慧，多学科、多部门协同。在正确理论指导下，反复实践、不断总结，在发展中创新，在传承中开拓，创建中国特色的森林经营和森林经理的理论和技术体系。

（三）以建立完善的政策体系为前提

由于林业碳汇是一个较为崭新的理念，发展时间较短，中央及各地方政府及林业部门的相关支持政策还在逐步完善过程当中。国际上出台的一些CDM林业碳汇项目的国际规则和要求，随着国际气候谈判的走势及我国碳排放权交易试点的推进，可在一定程度上对我国林业碳汇交易项目的开发提供借鉴，但其适用性还有一定不足，且规则过于复杂，不利于工作推广。因此，应借鉴国际规则和要求，根据我国实际发展制定符合我国项目实施规则、与国际接轨的项目建设标准和管理办法等，除中央制定相关的政策外，各级政府及林业部门也要制定配套的制度和碳汇项目实施管理办法，使我国的林业碳汇管理工作尽快走上国际化、规范化、法制化轨道，推动我国林业碳汇交易市场的形成和发展，逐步实现森林生态效益外在价值的内部化。

另外就是要加强政府的职能转变。相关部门需要摒弃强势政府的形象，在推进林业碳汇交易体系构建过程中的作用不仅是投入资金、人力和物力等，更重要的是做好政策实施的舵手，要完善要素与价格机制，建立起技术市场竞争的格局，大力发展社会资源的开发和优化配置。

（四）林业生物质新能源的开发

目前，生物质能源战略已成为许多发达国家的重要能源战略，利用现代科技发展生物质能源，已成为解决未来能源问题的重要出路，被认为是解决全球能源危机的最理想途径之一。森林作为一种十分重要的生物质能源，就其能源当量而言，是仅次于煤、石油、天然气的第四大能源，而且具有清洁安全、可再生、不与农争地、不与人争粮等优点，被称为“未来最有希望的新能源”。近年来，林业生物质能源依托丰富的物种资源优势，在生物质产业发展中扮演着日益重要的角色。

当前，国际林业生物质能源发展的新动向主要有以下几点。在政策方面，世界上大多数国家都在寻求林业生物质能源发展之道，出台了各种扶持政策，并制定了林业生物质能源利用规划。在技术方面，一是世界上许多国家都在开展能源植物及其栽培技术的研究，通过引种栽培建立新的能源基地，如“石油植物园”“能源农场”等，并提出“能源林业”的新概念。二是在生物燃料技术方面，除了传统的燃料乙醇、生物发电、颗粒燃料之外，木质纤维素生物化学转化、生物炼制转化、热化学转化、化学转化等先进技术的研发，为林业生物质能源拓展了更广阔的发展空间。

虽然目前林业生物质能源的发展还面临着一些挑战，如林地分散以及投资回收周期较长、生产成本较高、资源的可利用性及竞争性利用、可能引起与人争地或争粮、商业化发展带来的不确定的环境影响以及相关碳计量问题等，但林业生物质能源的开发已成为一个全球性的热点。

（五）森林认证

森林认证是非政府环保组织认识到一些国家在改善森林经营中出现政策失误、国际政府间组织解决森林问题不力以及林产品贸易不能证明其原材料来自何处之后，于20世纪90年代提出并逐渐推广的一种促进森林可持续经营的市场机制。森林认证为消费者证明林产品来自经营良好的森林提供了独立的担保，通过对森林经营活动进行独立评估，将“绿色消费者”与寻求提高森林经营水平和扩大市场份额以求获得更高收益的森林经营部门联系在一起。森林认证的独特之处在于它以市场为基础，并依靠贸易和国际市场来运作，在短短20年内取得了快速发展，得到了政府、非政府组织、零售商、生产商、金融公司和市场的广泛认可和支持。

森林认证正在对林业和林产工业的发展产生影响。研究表明，森林认证对森林经营在社会、环境和经济方面产生了重要的影响，森林认证提高了森林的环境服务，改善了林区工人的健康和安全状况，缓解了森林经营者与周边社区的矛盾，保障了认证森林的土地所有权与使用权，促进了产品的市场准入，提高了企业形象，并通过对话促进了私营部门、政府和非政府组织的合作。

（六）可持续经营与多功能森林的开发

1992年联合国环境与发展大会以后，可持续发展成为全世界共同追求的目标，森林可持续经营成为林业发展的重要方向。并通过一系列重要文件的颁布，加强森林资源保护、合理利用和对森林实施可持续经营的要求。促使各国在森林问题和森林可持续经营方面取得共识，森林可持续经营成为这个时代的最强音。森林可持续性是指森林生态系统，特别是其中林地的生产潜力和森林生物多样性不随时间而下降的状态。森林可持续经营，就是为获得森林的可持续性并在这种状态下持续地生产人类所需要的产品和服务而采取的新的经营措施。

为应对气候变化，以永久性森林为主的多功能森林，正在成为森林资源的主体架构。多功能森林的本质特点，就是追求近自然化但又非纯自然形成的森林生态系统，就是一种异龄、混交、复层、近自然的多功能森林，它具有适应多种变化的灵活性。“模仿自然法则、加速发育进程”是多功能森林管理的秘诀。

具体来说，以多功能森林为目标的次生林成为全球森林经营的重点。

而天然林和热带林是全球环境保护的重点。人工林为满足木材需求作出了巨大贡献，但同时对生态环境也造成了许多负面影响，而以寻求生态系统完整性为目标的“新一代”人工林是未来的发展方向。

总之，在全球气候变化大背景下，林业发展有着双重角色，既有着重大挑战，也存在着战略机遇。各国林业发展只有主动抓住现有机遇，积极应对各种挑战，才能给国家林业带来新动力。

参考文献

[1] 余光英．基于博弈论和复杂适应性系统视角的中国林业碳汇价值实现机制研究 [M]. 武汉：武汉大学出版社，2017.

[2] 何宇，陈叙图，苏迪．林业碳汇知识读本 [M]. 北京：中国林业出版社，2016.

[3] 林业碳汇编委会．林业碳汇：北京的发展与实践 [M]. 北京：中国林业出版社，2016.

[4] 李怒云．林业碳汇计量 [M]. 北京：中国林业出版社，2016.

[5] 张颖，杨桂红．森林碳汇与气候变化 [M]. 北京：中国林业出版社，2015.

[6] 刘于鹤，王汉杰，张小全．气候变化与中国林业碳汇 [M]. 北京：气象出版社，2011.

[7] 龙江英，吴乔明．气候变化下的林业碳汇与石漠化治理 [M]. 成都：西南交通大学出版社，2011.

[8] 王岩，王岳．应对气候变化背景下的我国林业碳汇市场现状、问题及对策 [J]. 北方农业学报，2017，45（05）.

[9] 孙明轩，王岩，徐蕊，等. 应对气候变化导向下的林业碳汇市场研究[J]. 中国林业经济，2017（03）.

[10] 黄宰胜，陈钦．基于造林成本法的林业碳汇成本收益影响因素分析 [J]. 资源科学，2016（03）.

[11] 姜霞，黄祖辉．经济新常态下中国林业碳汇潜力分析 [J]. 中国农村经济，2016（11）.

[12] 王霞．中国林业碳汇潜力和发展路径研究 [D]. 浙江大学，2016.

[13] 张冬梅，邓雅芬．农户参与林业碳汇交易的实践探索和制度保障 [J]. 福建论坛（人文社会科学版），2016（08）.

[14] 徐占军，侯湖平，张绍良，等．采矿活动和气候变化对煤矿区生态环境损失的影响 [J]. 农业工程学报，2012（05）.

[15] 陈丽荣，曹玉昆，朱震锋，等．企业购买林业碳汇指标意愿的影响因素分析 [J]. 林业经济问题，2016，（03）.

[16] 刘魏魏，王效科，欧阳志云，等. 造林再造林、森林采伐、气候变化、CO_2浓度升高、火灾和虫害对森林固碳能力的影响[J]. 生态学报，2016

（08）.

[17] 赵占永 . 应对全球气候变化，发展碳汇林业的思考 [J]. 现代园艺，2016（08）.

[18] 黄宰胜，陈钦 . 我国林业碳汇成本影响因素研究——基于土地利用机会成本的实证检验 [J]. 价格理论与实践，2015（11）.

[19] 陈娟丽 . 我国林业碳汇存在的障碍及法律对策 [J]. 西北农林科技大学学报（社会科学版），2015（05）.

[20] 桂梅，张玉梅，陈操操 . 关于推进我国林业碳汇交易发展的思考 [J]. 林业经济，2015（07）.

[21] 张新俊，张信拴 . 浅谈碳汇林业在气候变化应对中的作用 [J]. 现代农业，2015（02）.

[22] 王倩，曹玉昆 . 国外林业碳汇项目激励机制研究综述 [J]. 世界林业研究，2015（05）.

[23] 宋美强 . 大力发展碳汇林业 为应对气候变化、促进经济社会低碳运转作贡献 [J]. 农民致富之友，2015（09）.

[24] 李庆伟 . 气候变化背景下的碳汇林业发展举措 [J]. 吉林农业，2015（13）.

[25] 刘燕华，钱凤魁，王文涛，等 . 应对气候变化的适应技术框架研究 [J]. 中国人口 · 资源与环境，2013（05）.

[26] 魏书精，孙龙，魏书威，等 . 气候变化对森林灾害的影响及防控策略 [J]. 灾害学，2013（01）.

[27] 李怒云，冯晓明，陆霁 . 中国林业应对气候变化碳管理之路 [J]. 世界林业研究，2013（02）.

[28] 邓少福 . 祁连山气候变化对植被的影响研究（2000–2011）[D]. 兰州大学，2013.

[29] 李怒云，李金良，袁金鸿，等 . 加快林业碳汇标准化体系建设 促进中国林业碳管理 [J]. 林业资源管理，2012（04）.

[30] 李晓娜，贺红士，吴志伟，等 . 大兴安岭北部森林景观对气候变化的响应 [J]. 应用生态学报，2012（12）.

[31] 焦玉海. 林业碳汇成为应对气候变化的重要举措[N]. 中国绿色时报，2012（001）.

[32] 杨国彬，陈晨，张立新 . 发展龙江碳汇林业，有效应对气候变化 [J]. 防护林科技，2011（05）.

[33] 孟宪毅，马秀梅 . 自治区林业厅与大自然保护协会举行“林业碳汇与气候变化座谈会”[J]. 内蒙古林业，2010（11）.

[34] 许谨 . 发展碳汇林业 应对气候变化 [J]. 绿色中国，2011（03）.
[35] 江英，吴乔明，王朝龙 . 气候变化下的林业碳汇政策、规则及项目活动概览 [J]. 生态经济（学术版），2011（01）.
[36] 顾贝 .《非京都议定书》框架下中国林业碳汇市场的开发研究 [D]. 南京：南京林业大学，2011.
[37] 孟宪毅，马秀梅 . 自治区林业厅与大自然保护协会举行“林业碳汇与气候变化座谈会”[J]. 内蒙古林业，2010（11）.
[38] 王妍 . 中国林学会 聚焦全球气候变化与碳汇林业 [N]. 大众科技报，2010.